上海大学出版社

2005年上海大学博士学位论文 7

冷等离子体氢还原金属氧化物的基础研究

- 作 者：张 玉 文
- 专 业：钢 铁 冶 金
- 导 师：丁 伟 中

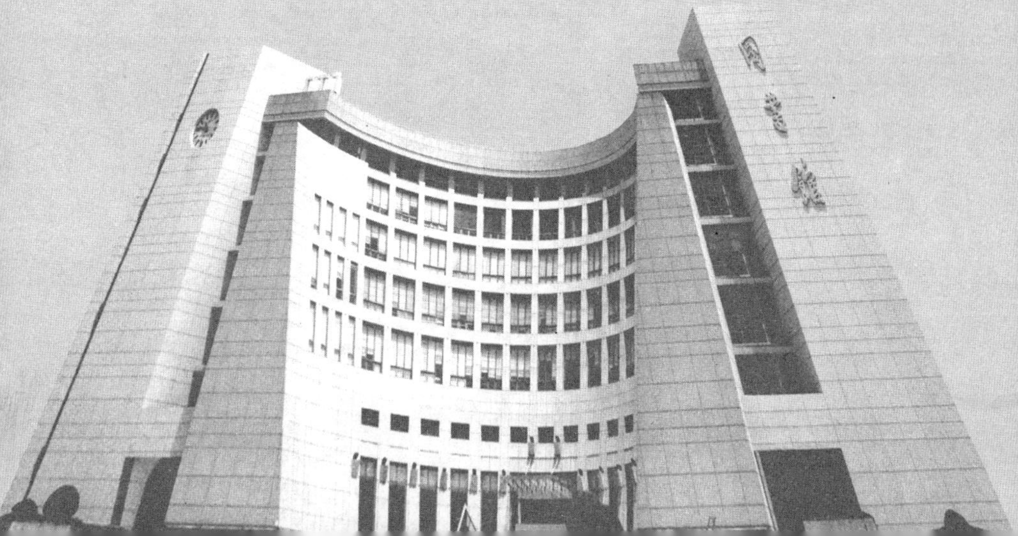

2005年上海大学博士学位论文 7

冷等离子体氢还原金属氧化物的基础研究

作　　者：张玉文
专　　业：钢铁冶金
导　　师：丁伟中

上海大学出版社
·上海·

Shanghai University Doctoral
Dissertation (2005)

Basic Research on Reduction of Metal Oxides with Cold Plasma Hydrogen

Candidate: Zhang Yuwen
Major: Ferro-metallurgy
Supervisor: Prof. Ding Weizhong

Shanghai University Press
· Shanghai ·

上 海 大 学

本论文经答辩委员会全体委员审查，确认符合上海大学博士学位论文质量要求.

答辩委员会名单：

主任：	任忠鸣	教授，上海大学	200072
委员：	李　劲	教授，复旦大学	200433
	孟繁德	教授级高工，上海宝钢集团	200940
	谢志明	教授级高工，上海金属学会秘书长	200025
	李重河	教授，上海大学	200072
导师：	丁伟中	教授，上海大学	200072

评阅人名单：

郭占成	研究员，中科院过程工程研究所	100080
李福燊	教授，北京科技大学理化系	100083
任忠鸣	教授，上海大学冶金工程系	200072

评议人名单：

王新华	教授，北京科技大学	100083
叶以富	教授，华东理工大学	200237
王龙妹	教授，北京钢铁研究总院	100081
薛向欣	教授，东北大学	110004
区　铁	高工，武钢集团公司	430080

答辩委员会对论文的评语

张玉文同学的博士学位论文“冷等离子体氢还原金属氧化物的基础研究”在广泛阅读相关文献、对比相关研究的基础上，对冷等离子体氢还原金属氧化物的规律进行了有创新性的基础研究．所做研究及结果对于如何强化冷等离子体氢还原金属氧化物开辟了新的道路．

论文的主要研究结果和创新归纳如下：

(1) 区别于传统的等离子体在冶金中应用主要作为传递能量的媒介，提出了利用冷等离子体的化学活性来强化氢还原金属氧化物的思想；

(2) 选择了具有不同还原难易程度的 CuO、Fe_2O_3 和 TiO_2 进行了实验，系统地研究了冷等离子体强化氢还原金属氧化物的规律；

(3) 从理论上分析、确定了冷等离子体氢中存在的主要活性粒子，并通过热力学计算确定了这些粒子还原势的大小；

(4) 首次系统地研究了冷等离子体鞘层对氢还原的影响，并探索了其作用机理．

张玉文同学的博士论文研究内容新颖，工作量大，系统完整，理论分析有相当的深度．论文写作条理清晰，文字流畅．答辩过程中论述清楚，回答问题正确．论文工作表明张玉文同学具有坚实的理论基础和专业知识以及独立从事科研工作的能力．

经答辩委员会全体五位委员投票表决，一致认为张玉文同学的博士论文及答辩已达到博士学位的要求，同意通过该同学的博士学位论文答辩，建议授予张玉文同学博士学位.

答辩委员会表决结果

经答辩委员会表决，全票同意通过张玉文同学的博士学位论文答辩，建议授予工学博士学位.

答辩委员会主席：任忠鸣

2005 年 1 月 13 日

摘　　要

氢代替碳还原金属氧化物的主要优点在于其反应产物H_2O不对环境产生任何负面影响，是一种符合人类社会可持续发展战略的绿色冶金过程．但是，要使氢还原真正成为传统碳还原过程强有力的挑战者，除了解决廉价的氢源、氢的安全储运等技术问题之外，还必须寻找出一种低温高效强化还原反应的新方法和新技术．本文研究了施加外场条件下的冷等离子体强化氢还原氧化物的效果和机理，从热力学上比较了等离子体氢和分子氢还原氧化物的差别，揭示了冷等离子体在还原过程中的作用，并分析了冷等离子体氢还原动力学，为将来的应用提供了理论和实践指导依据．

本文在综述了相关的研究进展情况和分析了低温等离子体及其化学特性基础上，选择具有不同还原难易程度的CuO、Fe_2O_3和TiO_2进行了实验，利用直流脉冲电场产生辉光冷等离子体氢对金属氧化物进行还原．

冷等离子体氢还原Fe_2O_3实验研究发现，在分子氢不能还原的条件下(1 500 Pa，490℃)，利用冷等离子氢实现了Fe_2O_3的低温还原．冷等离子体氢还原Fe_2O_3符合逐级还原规律：Fe_2O_3→Fe_3O_4→Fe．随着还原时间的增长，还原过程出现一个加速阶段，这可能是由于试样表面等离子体鞘层的变化导致更多高能量、具有更强还原势的离子氢参加还原过程引起的．进一步的实验结果验证了这一推断．这表明等离子体相中带正电的离子氢和中性的原子氢一样都参加了还原反应，过程中氧化物在反应系统中的电位变化会影响还原的进程，这个结论对工业装置和工艺过程的设计具指导意义. 在 390℃～530℃ 范围内，温度变化对还原层厚度影响不大. 在 680℃ 的较高温条件下，利用分子氢还原 Fe_2O_3 仅得到少量的金属 Fe 和部分 FeO，而利用等离子体氢(气体压力为 1 850 Pa，等离子体的输入电压为 500 V、放电电流为 0.3 A，还原时间为 15 min)还原后的试样表面检测全部为金属铁相，这表明等离子体氢的还原能力比单纯的分子氢大得多. 随着放电电压、气压、脉冲占空比的增加，还原层的厚度增大，增大的趋势与等离子体中产生的活性氢粒子浓度的大小密切相关. 实验证明，把试样放置在活性氢粒子浓度较大的阴极区才能实现氧化物的有效还原.

容易还原的 CuO 可以在更低的放电气压和电压下得到还原. 在体系压力为 450 Pa、温度为 200℃ 下，与分子态的氢不同，等离子体氢可以还原 CuO 为 Cu，还原过程按 $CuO \rightarrow Cu_2O \rightarrow Cu$ 的规律逐级进行. 与 Fe_2O_3 还原相似，随着还原时间的增长，饼状 CuO 试样的还原层厚度变化受到试样表面等离子体鞘层变化的影响. 在 160℃～300℃ 的温度范围内还原层厚度变化受温度的影响不大. 实验中还发现冷等离子体氢的还原过程与产物金属本身的性质有着密切的关系.

冷等离子体氢对高熔点、难还原的 TiO_2 的还原实验结果表明，在反应体系的压力为 2 500 Pa、反应温度为 1 233 K 和还原时间为 60 min 的条件下，利用冷等离子体氢还原 TiO_2 可以得到 Ti_2O_3、Ti_3O_5 和少量的 Ti_9O_{17}，而利用传统的热分子氢仅能还原得到极少量的 $Ti_{10}O_{19}$ 和 Ti_9O_{17}. 更深入的实验表明，试

样表面生成的 Ti_2O_3 还有可能被进一步还原.在目前的等离子体技术条件下,没有还原得到金属钛可能与反应动力学以及试样表面活性氢粒子的浓度有关,这需要通过进一步研究以证实.

本文从理论上分析、确定了实验所用的冷等离子体氢中存在的主要活泼粒子包括 H、H^+、H_2^+ 和 H_3^+;其中中性的原子氢的浓度较高,其他氢粒子的浓度相对较小.通过热力学计算知道这几种活泼氢粒子还原势的强弱顺序为:$H^+ > H_2^+ > H_3^+ >$ H. 虽然等离子体系中离子氢的浓度较小,但它们在热力学上具有更强的还原势.含有较多离子氢(H^+、H_2^+ 和 H_3^+ 等)的等离子体对于非常稳定的氧化物的还原可能具有很大的潜力.具体考察了氢等离子体中原子氢的还原能力,原子氢可以在比较低的温度下还原稳定的氧化物如 Cr_2O_3、MnO、SiO_2 等.这部分工作对于如何利用等离子体氢还原高熔点、难还原金属氧化物以及认识氧化物低温还原的机理是十分重要的.

在实验研究的基础上,结合等离子体化学的知识,对冷等离子体氢还原金属氧化物过程的组成步骤和可能的限制性环节做了比较详尽的分析.当试样直接放置于阴极板上时,由于试样表面等离子体鞘层的变化引起还原速率的增大,使试样表面还原层厚度增加随时间的变化呈拉长的 S 形.还原层厚度随时间的变化可以分为三个阶段,前两个阶段的反应速率主要受制于到达氧化物表面活性氢粒子流的浓度或通量,如果阻碍或限制活性粒子流通量,反应会在一个很长时间内以很低的速率进行.等离子体氢还原氧化物第三阶段的速率限制性环节是氢粒子在反应产物层向反应界面的扩散,它使反应的进一步进行变得比较困难.因此要实现等离子体氢还原应用规模的扩大,氧化物颗粒的大小是一个需要考虑的重要参数.

冷等离子体氢和普通分子氢还原金属氧化物过程主要有两点不同：一是热分子氢还原时,分子氢的化学吸附、离解和电离发生在试样表面的活性点上;而冷等离子体氢还原时,分子氢离解为原子氢以及原子氢的电离主要发生在气相中,部分原子氢参加还原时的电离则发生在反应界面上,这样改变了直接参加还原反应的粒子状态,一些微观步骤在气相中完成,提高了直接参加反应的粒子的能量和反应活性.第二是利用冷等离子体氢还原时试样表面存在等离子体鞘层,而分子氢还原的试样表面气相存在的是浓度边界层.等离子体鞘层代替试样表面的浓度边界层,使到达试样表面的氢粒子得到更高能量,它们碰撞试样而产生更多的活性点,促进氢粒子的表面吸附和扩散,改变了传统分子氢还原的部分微观反应环节.高能电子参加的分子氢离解、电离反应会耦合到还原反应中,对反应活化能大且反应速度很慢的、但热力学上可能进行的反应,通过等离子体状态的激发可以产生反应活性基团减小活化能、增大反应速度,使必须在高温下才能发生的反应可以在较低的温度下进行.

关键词 冷等离子体,氢还原,金属氧化物,热力学,动力学,强化机理

Abstract

Reduction of oxides with hydrogen in place of carbon is considered as a green process, which is in accord with the continuable development policy. If hydrogen is applied as a reductant in metallurgical process, besides a solution to low-cast hydrogen source and its safe storage, it's necessary to find out a novel way to enhance the reduction of oxides with hydrogen at low temperature. In this paper, the reduction of oxides with hydrogen cold plasma was investigated. In terms of thermodynamics, the comparative research on reduction with plasma hydrogen and molecular one had been carried out. The effects of cold plasma on the reduction with hydrogen were explored. All done in this work are directive for the application of hydrogen reduction.

On the basis of brief review of previous research work and the analysis of the chemical characteristics of cold plasma, a wide range of oxides with different reducibility, CuO, Fe_2O_3 and TiO_2, were used to be reduced in this study. The cold plasma hydrogen was generated by a DC pulsed electric field.

The reduction of metal oxide Fe_2O_3 to metal Fe with cold hydrogen plasma was realized under 1 500 Pa, 490℃, but this reduction did not happen for using molecular hydrogen. The reaction path was as follows: $Fe_2O_3 \rightarrow Fe_3O_4 \rightarrow Fe$. As the reduction proceeded, the reaction started to accelerate. The reason might be that more active hydrogen species, which are of better reducing potential, participated in the reduction with the modification of the plasma sheath on the sample surface. The results of an additional experiment with a sample placed on a small insulting flake confirmed the above explanation. From this, it could be assumed that ionic and atomic hydrogen species were all involved in reduction and the sample potential was important. This provides a base for the design of the industrial equipments and technologic process. Between 390℃ and 530℃, the reaction temperature had no obvious influence on the reduction. At a high temperature of 680℃, a pressure of 1 850 Pa and the treatment time of 15 min, Fe_2O_3 to Fe with hydrogen cold plasma (the discharge conditions are voltage − 500 V and current − 0.3 A.) was realized and only a few of Fe and FeO were detected when using molecular hydrogen. The plasma hydrogen is obviously more reactive than molecular one. With the increase of discharge voltage, gas pressure and the ratio of pulse duty, the thickness of reduced layer also increased. This had a close relation to the density of active plasma hydrogen species. Only could oxides placed on the cathode be reduced with cold plasma hydrogen generated by DC glow discharge.

The reduction of CuO to metallic Cu with cold hydrogen plasma produced by a DC pulsed glow discharge was investigated under a pressure of 450 Pa and a reduction temperature of 200℃. The same reduction had not been achieved when using molecular hydrogen. The reaction proceeded by the sequential reduction of CuO(CuO→Cu_2O→Cu). Similar to the reduction of ferric oxide, the thickness of the reduced layer increased with the reduction time and was influenced by the change of plasma sheath on the sample surface. Between 160℃ and 300℃, the reduction of CuO with hydrogen cold plasma was independent of treatment temperature. It was also found that the inherent characteristics of the product metal had significant influence on the reductions.

The reduction of refractory oxide TiO_2 to Ti_2O_3 with hydrogen cold plasma generated by a DC pulsed glow discharge was realized at 2 500 Pa, 960℃ and 60 min. Only a few of $Ti_{10}O_{19}$ and Ti_9O_{17} were detected for using molecular hydrogen. Through more experiments, it might be possible for Ti_2O_3 to be further reduced. The present experimental technique is not suited to producing metallic titanium. It might be related to the reaction kinetics and the concentration of active hydrogen species on the sample surface. Further investigations should be required for the complete reduction of TiO_2.

In cold hydrogen plasma with moderate pressures, the main chemically active species are H, H^+, H_2^+ and H_3^+. The density of monatomic hydrogen is greater that of ionic one. The order of the reducibility for these species is $H^+ > H_2^+ > H_3^+ > H$. Though the densities of ionic hydrogen species are less, their reducing potentials are much higher in terms of thermodynamics. More ionic species in plasma are highly advantageous to the reductions of refractory oxides. The reduction ability for monatomic hydrogen was also discussed. It could reduce stable oxides such as Cr_2O_3, MnO and SiO_2 to produce metals at the reduced temperature. This chapter is instructive to reduce refractory oxides with plasma hydrogen and to understand the mechanism on oxides reduction at lower temperature.

Based on the above experimental results and plasma chemistry, the steps involved in the reduction of oxides with cold plasma hydrogen and their mathematical descriptions were analyzed in detail. The rate-limiting step was also discussed. When the samples were directly placed on the cathode plate, the variation of reduced metal layer thickness vs. time was sigmoidal as a function of time. The change of the reduced layer as a function of reduction time included three stages. For two fore stages, the rate-limiting step was the flux of active plasma hydrogen species arriving at the sample surface. If the flux were inhibited by some means, the rate of reduction would be very slow for a long time. Diffusion of hydrogen species to reaction interface through the product layer was the rate-limiting step for the final stage. To use plasma hydrogen on a large scale, the dimension of oxides particles should be considered as an important parameter.

The main differences about the reaction steps involved in the reduction of oxides with cold plasma hydrogen and hot molecular one included two points. First, the chemisorption and dissociation of hydrogen molecules take place on the active sites of the sample surface when using molecular hydrogen. However, for the reduction with plasma hydrogen, the dissociation and ionization of most hydrogen molecules are completed in plasma phase. Second, there is a plasma sheath not the boundary layer of gas concentration. Hydrogen species across the plasma sheath of the sample surface are accelerated and impact the samples. The energetic particles cause many active sites on the surface and an enhancement of the dissociation and chemisorption or, alternatively, can help the diffusion of the hydrogen species into the bulk. All these improve the reacting activities of hydrogen species and change the reaction steps of reduction with molecular hydrogen.

Through coupling dissociation and ionization driven by energetic electrons with the oxides reduction, the Gibbs free energy for the reduction of metal oxides with hydrogen decreases. In plasma, hydrogen is excited to active state (atoms or ions) with high energy. The activation energy of hydrogen reduction for active species is much smaller than that for molecular hydrogen. It makes possible to increase the reaction rate and to decrease the temperature at which the reduction could proceed.

Key words cold plasma generated by pulsed DC glow discharge, hydrogen reduction, metal oxides, thermodynamics, kinetics analysis, enhancing mechanism

目　　录

序　言

许多金属氧化物(特别是黑色金属氧化物)的还原过程主要以碳作为还原剂和能量的提供者.还原过程所消耗的碳,不管用于还原剂还是用于燃烧,最终都以二氧化碳的形式排放入大气.由二氧化碳所造成的全球温室效应已引起世界各国的高度重视,1997 年联合国京都会议要求发达国家 2008 年后二氧化碳排放量必须至少维持在 1990 年的水平[1].人类的可持续发展对环境提出了更加苛刻的要求,促使科技工作者努力探索绿色冶金工艺.用氢来取代碳作为氧化物矿石的还原剂将是解决环境问题的潜在途径[2].利用氢还原金属氧化物的主要优点在其反应产物 H_2O 不对环境产生任何负面影响,是一种符合人类社会可持续发展战略的绿色冶金过程.

大规模地使用氢作为还原剂取决于能否经济地制备氢气和储存技术的发展.利用间歇变化的自然能发电产氢及储氢材料研究的突破将会使氢成为碳最有力的还原剂竞争者[3].要使氢真正地代替碳作为氧化物的还原剂,还必须寻找出一种低温高效强化还原反应的新方法和新技术.

引入各种物理场来影响还原反应已被实验证明是一种有效的强化方法[4~9].在微波场、电场或其他物理场的作用下,分子态的氢离解激发为基态或激发态原子氢(H 或 H^*)、氢离子(H^+、H_2^+ 和 H_3^+ 等),这些新生态的氢具有极高的热力学和动力学层面上的反应活性,对于金属氧化物的还原具有重要化学反应价值.

等离子体作为物质的"第四态",为现代众多研究领域的发展提供了崭新的技术手段.当代等离子体技术已被广泛应用于冶金过程中,如金属的熔化和重熔、保温、新冶炼工艺过程等.在这些工艺过程中主要利用等离子体热量集中的特点将其作为热量的提供者,这类等离子体为高温等离子体.与传统冶金过程中主要利用高温等离子体作为热源不同,低温冷等离子体主要是通过改变参加化学反应气体的粒子状态,来提高反应活性和强化化学反应.

热力学计算表明[10],等离子体系中的氢可使还原反应平衡常数提高几个数量级,并且可以使一些常规条件下极难还原的氧化物得到还原.把低温冷等离子体应用到冶金领域,来激发、强化氢还原金属氧化物的反应过程,将为强化氧化物还原的工艺发展开辟了一条新的途径.低温等离子体在冶金领域的应用尚处于初始阶段,但其前景十分广阔,各方面的研究开发工作正方兴未艾.

本文比较系统地研究了施加物理场产生低温冷等离子态氢在不同条件下对金属氧化物的还原效果、作用机理和热力学、动力学因素影响.目前文献上有关报道极少,这方面的工作还处于探索性阶段.搞清楚等离子态氢的还原反应作用机理将开拓低温等离子冶金应用的新领域,探索强化氢还原金属氧化物的新方法,为本世纪大规模地应用氢还原技术提供理论和技术依据.

本文以施加冷等离子体强化氢还原金属氧化物为起点,围绕着冷等离子体氢还原金属氧化物的基本规律、还原的热力学和动力学以及强化的本质来展开研究，同时采用理论分析和实验结合的研究手段，对冷等离子体场下氢还原金属氧化物的规律进行了比较系统的研究．前两章分别综述了相关的研究进展情况和分析了低温等离子体及其化学特性．第三章对本文研究采用的实验设备、材料和分析方法进行了介绍．第四章到第六章利用直流脉冲电场产生的冷等离子体氢分别对具有不同还原难易程度的 CuO、Fe_2O_3 和 TiO_2 进行了实验研究，以期获得冷等离子体氢还原金属氧化物的基本规律．第七章对冷等离子体氢还原金属氧化物的能力进行了理论分析和探讨．第八章在实验研究的基础上，结合等离子体化学的知识，对冷等离子体氢还原金属氧化物过程的组成环节和限制性步骤进行了比较详尽的分析．第九章对冷等离子体强化氢还原反应的机理从热力学耦合、反应活化能的变化以及等离子体鞘层的角度进行了探讨．最后一章是全文的结论及展望，主要指出了尚存在的一系列问题，为今后进一步研究提供借鉴．

第一章　金属氧化物的氢还原

目前，除了一些贵金属如 Ag、Pt、Pd 等可以直接通过简单的热分解其氧化物方式获得外，其他大部分金属需要利用还原剂还原其金属氧化物得到. 其中还原剂包括碳(C)、一氧化碳(CO)、氢气(H_2)和金属. 碳和一氧化碳广泛用于各种氧化物的还原；氢气主要用于不含碳的高纯金属产品的氧化物还原，如稀有金属钨(W)、钼(Mo)、钴(Co)等；金属热还原法被广泛应用于稀有金属如钛、锆、钽及稀土金属的生产中[11,12].

在现代工业生产中，氢气虽然没有碳和一氧化碳那样在氧化物还原中的应用广泛，但利用氢还原氧化物的产物是水，不对环境产生污染，它有着潜在的应用前景.

1.1　分子氢还原金属氧化物

王雅蓉等[13]采用热台显微镜(HSM)技术直接观测了 H_2/Ar 气氛中还原磁铁矿表面显微结构的变化，取单晶磁铁矿颗粒磨制成 3 mm×3 mm×0.5 mm 左右，上下两面平行，厚度为 0.5±0.1 mm 的光片作为热台研究试样，探讨了不同条件下铁晶核的形成、长大模式及平均长大速度. 结果表明，773～1 373 K 温度范围内，表面铁核形貌分为四种，各种形貌之间的相互转化以及核的平均长大速度取决于还原温度和氢分压. 具有辐射状裂纹的圆形多孔核(type A)主要出现在 873 K 以下的温度范围，其长大模式为均匀连续的各向等速生长，随着氢分压的降低，表面辐射状裂纹变得不清晰，形核密度和长大速度也降低. 没有辐射状裂纹的圆形多孔核(type B)主要出现在 873～1 073 K 温度范围，长大模式为均匀连续的各向等速生长，形核密度和核的长大速度随温度和氢分压的升高而增大。间歇式生长的块状多孔核(type C)主要出现在1 073～1 273 K温度范围，长大模式为突发性间歇式生长，产物形貌具有层带状结构，随温度升高和氢分压的降低，层带宽度从5 μm以下增至约60 μm以上。1 373 K和氢分压为10 kPa、30 kPa时，得到的铁产物是生长于含孔道的浮士体上的多孔层，连续生长，长大速度随氢分压降低而降低，但比间歇式生长有明显提高。如图1.1所示，在研究温度范围内，低温高氢分压条件下，铁核的长大速度对还原温度有较简单的依赖关系，高温低氢分压下，铁核的长大速度与还原温度的关系较复杂。

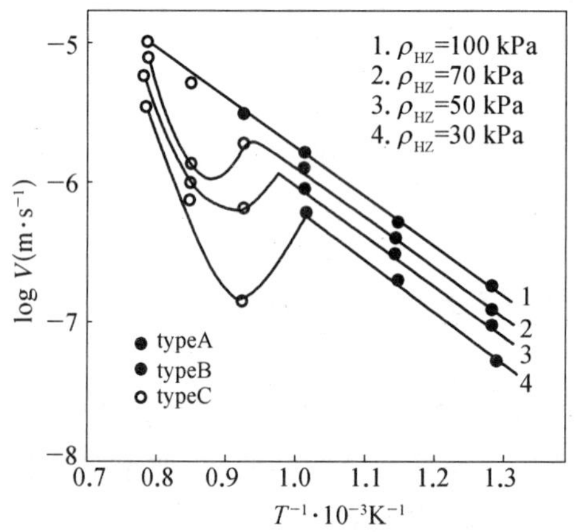

图1.1 还原温度和压力对铁核表面生长速度的影响

刘建华等[14]对前人的Fe_2O_3的氢还原研究进行了详细的总结如下。

对于用氢气还原Fe_3O_4生成Fe的反应机理、表观活化能及相关动力学条件如表1.1所示，其中CR表示界面化学反应控速。反应式为：

$$4H_{2(g)} + Fe_3O_{4(s)} \longrightarrow 3Fe_{(s)} + 4H_2O_{(g)} \tag{1.1}$$

表 1.1　反应式(1.1)的反应机理和表观活化能

样品特性				气相压力 $\times 10^5$ Pa	温度 K	表观活化能 kJ·mol^{-1}	反应机理
组成	形状	几何特性	孔隙度/%				
纯 Fe_3O_4	球	φ0.9 cm	6	$P_{H_2}=0.14$	623～773	56.4	CR
纯 Fe_3O_4	球	φ0.9 cm	6	$P_{total}=0.098$ $P_{H_2}=0\sim 0.0984$ $P_{H_2O}/P_{H_2}=0\sim$ 0.04/0.96	623～773	56.8	CR
Fe_3O_4	薄片	厚 136 μm		$P_{H_2+He}=0.1$ (H_2 25%～100%)	518～755	60.7	一级反应 CR

表 1.1 对应的气体流量为 2.8×10^{-5} m^3/s(S. T. P)，气流线流速为 0.05 m/s. 一般认为气流线流速接近或大于 0.05 m/s 时，气体外扩散阻力可忽略不计. 对于表 1.1 中反应，由于反应温度较低，化学反应速率小，反应时间较长(完全还原时间超过 80 min)，氢气的扩散影响可忽略，过程为界面化学反应控速. 从表 1.1 给出的基本一致的表观活化能值，在 518～755 K 下界面化学反应控速时化学反应的表观活化能为(60.0±5) kJ/mol.

用氢气还原 FeO 得到 Fe 的反应机理、表观活化能及相关动力学条件如表 1.2. 反应式为：

表 1.2　反应式(1.2)的反应机理和表观活化能

样品特性				氢气流速 cm^3/min	温度 K	表观活化能 kJ/mol	反应机理
组成	质量/mg	几何特征	比表面积 m^2/g				
纯 $Fe_{0.96}O$ 粉	50	粒径<5 μm 层厚<0.5 mm		520	848～1 173	42.7	CR
FeO 粉	50		0.286	30	723～873	51(T>803 K) 58(T<803 K)	CR

$$H_{2(g)} + FeO'_{(s)} \longrightarrow Fe_{(s)} + H_2O_{(g)} \tag{1.2}$$

在 723～1 173 K 下反应为界面化学反应控速时，表观活化能为(47.0±5)kJ/mol.

当温度、气相成分条件控制在 Fe 的热力学稳定区时，Fe_2O_3 被逐级还原为 Fe. 反应式为：

$$3H_{2(g)} + Fe_2O_{3(s)} \longrightarrow 2Fe_{(s)} + 3H_2O_{(g)} \tag{1.3}$$

反应机理和表观活化能与烧结后样品的孔隙度、粒径和温度有密切关系. 随着反应程度的变化，反应机理和表观活化能也会随之改变.

Fe_2O_3 还原为 Fe 时与各种反应机理对应的表观活化能范围见表 1.3. 气体内扩散控速时，氢气还原各类铁氧化物反应的表观活化能为 8.0～28.0 kJ/mol；铁离子固态扩散控速时，表观活化能大于 90 kJ/mol；界面化学反应控速时，氢气还原 Fe_2O_3 为 Fe 的表观活化能达 40.0～70.0 kJ/mol；氢气还原 Fe_3O_4 或‘FeO’为 Fe 的反应为界面化学反应控速时，表观活化能也在上述范围内；当反应表观活化能为中间过渡值时说明该反应过程处于混合控速范围.

表 1.3　反应式(1.3)的反应机理对表观活化能的影响

反　应　机　理	表观活化能 $kJ \cdot mol^{-1}$
气体内扩散控速	8.0～28.0
气体内扩散与界面化学反应控速	28.0～40.0
界面化学反应控速	40.0～70.0
界面化学反应与铁离子固态扩散控速	70.0～90.0
铁离子固态扩散控速	>90.0

Zhao[15]、Bardi[16]等在 807～1 014℃下研究氢还原 $FeTiO_3$ 的还原动力学机理. 如图 1.2 和 1.3 所示，在一定温度下，随着氢浓度的增大，还原速率明显加快. 当温度低于 876℃时，还原转化率随时间的变化呈‘sigmoidal’型，表明还原过程存在诱导、加速和减速三个阶段，

反应的表观活化能为 93.7 J/mol，Fe 相形核、长大后的反应产物 Fe 离开反应界面、扩散穿过 TiO_2 相的过程是影响还原动力学的重要步骤，当温度大于 876℃时，TiO_2 可以被还原为低价氧化物.

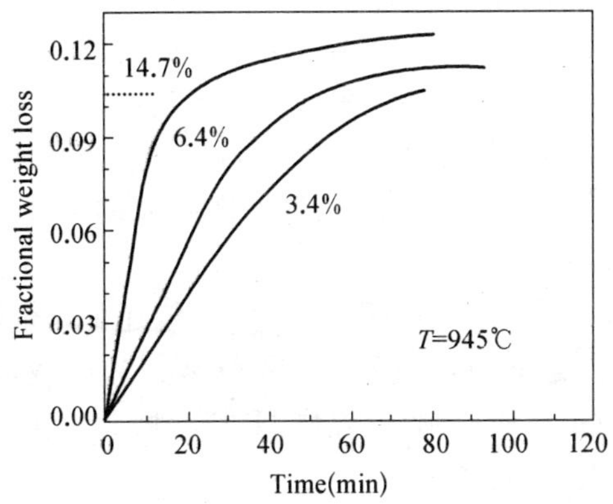

图 1.2　氢的浓度对还原效果的影响

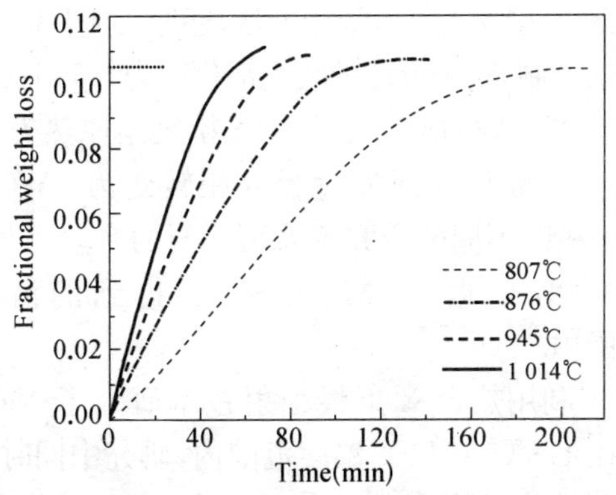

图 1.3　温度对还原效果的影响

Werner V. 等[17]在热平衡条件下研究了 MoO_3 的氢还原机理. 还原分为两个阶段，第一个阶段的反应路径为：$MoO_3 \rightarrow Mo_4O_{11} \rightarrow MoO_2$，此过程可以用 the crackling core model 模型来描述，反应生成

的 Mo_4O_{11} 和 MoO_2 颗粒的大小和形状与局部的 H_2O 分压有关；反应的第二个阶段 $MoO_2 \rightarrow Mo$，可以用缩核模型来描述，根据局部露点（主要通过试样不同来控制反应产物 H_2O 的扩散）的不同，可以获得不同粒度的金属 Mo 颗粒.

Jerzy[18] 考察了 MoO_3 的形貌、添加 MoO_2 和金属 Pt 对氢气还原 MeO_3 的影响，指出还原速率与气体分压成正比，氢气的离解、吸附生成原子氢是限制性环节，由于 Pt 对氢气的吸附、离解的活化作用以及产物 MeO_2 的自动催化作用使反应出现明显的加速，反应历程为：$MeO_3 \rightarrow Me_4O_{11} \rightarrow MeO_2$.

Dean[19] 等在管式炉内研究 WO_3 的氢还原，还原温度 575～975℃，还原过程是逐级进行的：$WO_3 \rightarrow W_{20}O_{58} \rightarrow W_{18}O_{49} \rightarrow W_2O \rightarrow W$. 反应主要由扩散所控制，反应物 H_2 与产物 H_2O 的比例对还原反应的进行有很重要的影响.

Andreas 等[20] 研究了 WO_3 在氢气流中的还原. 为了克服实际生产中利用推进式炉氢还原 WO_3 反应速率慢，该研究开发了一种在1 000℃以上把 WO_3 颗粒直接喷入氢气流中办法，还原反应只需要几秒钟，反应由界面化学反应控制，整个反应的表观活化能为126 kJ/mol.

根据实际生产实践，很多人对 WO_3 粉氢还原热力学和动力学进行了研究[21～28]，一般认为还原过程的相转变为：$WO_3 \rightarrow W_{20}O_{58} \rightarrow W_{18}O_{49} \rightarrow W_2O \rightarrow W$. 不同的研究者采用不同的实验条件，可能出现其中某个或几个相，依据不同还原机理，得到的活化能在 47～142 kJ/mol范围内.

James 等[29] 利用热台 X 射线衍射技术研究了 NiO 的氢还原过程. 见图 1.4，在 175℃～300℃温度范围内，研究中同时观察到了 NiO 的逐渐消失、Ni 晶粒的出现及其晶体长大. 实验试样是把 20 μm 的 NiO 颗粒弥散在厚度为 50 μm 的薄片上，因此避免了利用 NiO 颗粒固定床还原遇到的试样的结构和形貌的问题. 利用纯氢气还原过程中观察到了三个阶段：(1) NiO 开始被还原的同时出现了金属 Ni 的簇出现；(2) 随着金属 Ni 簇尺寸的增大，还原速率出现加速；(3) 在氢气过量的情况下，NiO 的消失和 Ni 出现是一个伪一级反应过程，此过程一直持续到转化率达到 0.8 时才逐渐减慢. 3 nm 的 NiO 晶粒还原得到的 Ni 晶粒尺寸为 20 nm.

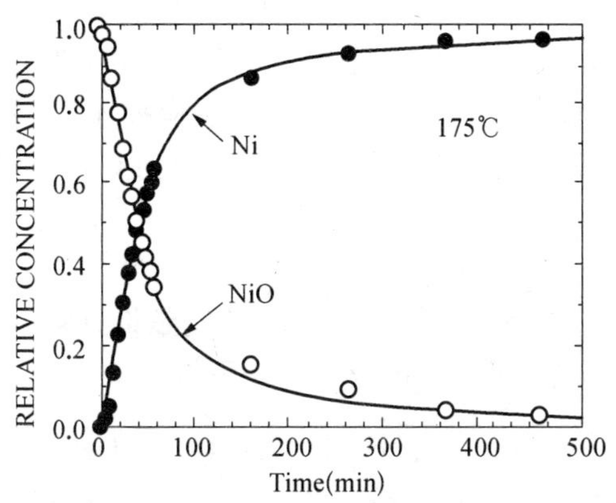

图 1.4　还原过程中 NiO 的消失和出现

研究还发现，在氢气中混入了少量的水后，诱导期的时间增加了近 2 个数量级，还原速率降低，表观活化能由原来不加水的 85±6 kJ/mol增大到 126±27 kJ/mol，如图 1.5 所示.

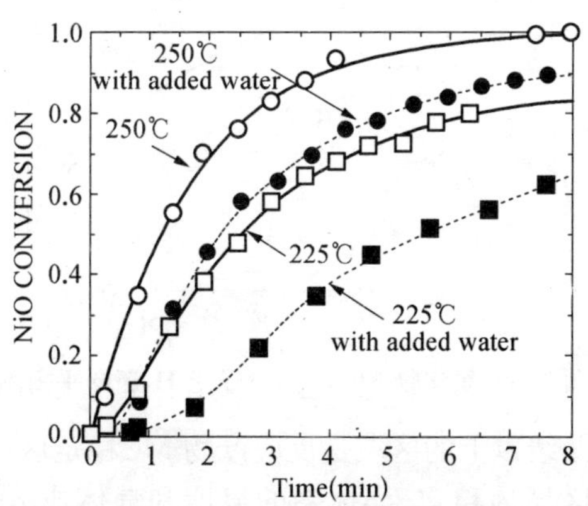

图 1.5　水含量对还原过程的影响

Bustnes 等[30]采用热重分析法，研究了 672～873 K 温度范围 CoO 的 H_2 还原动力学，得到界面化学反应控速条件下表观活化能为 54.3 kJ/mol.

刘建华等[31]应用等温和非等温热重分析法研究了 Co_3O_4 的氢还原动力学，得出两种条件下过程均分为 Co_3O_4 还原为 CoO 和 CoO 还原为 Co 两个步骤，二步骤均为界面化学反应控速. 在 523～603 K 等温及 503～589 K 非等温条件下，Co_3O_4 还原为 CoO 步骤的表观活化能为 133 kJ/mol；523～603 K 等温还原 CoO 为 Co 步骤的表观活化能为 87.5 kJ/mol.

由以上关于热分子氢还原氧化物的文献综述可以看出，对于用 H_2 还原任意氧化物 Me_xO_y 的反应可表示为：

$$Me_xO_{y(s)} + yH_{2(g)} = xMe_{(s)} + yH_2O_{(g)} \tag{1.4}$$

由于 Me_xO_y 和 Me 都是纯凝聚相，影响反应平衡的条件只有温度和气体分压比，Me_xO_y 用 H_2 还原反应的平衡如图 1.6 所示，图中曲线表示反应平衡条件下 H_2 平衡分压随温度而变化的规律.

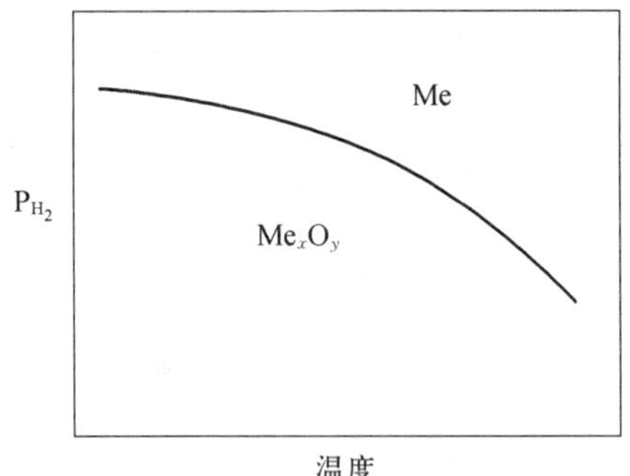

图 1.6　氧化物 Me_xO_y 用分子氢 H_2 还原平衡图

图 1.6 中曲线以上的区域是反应产物 Me 稳定区，氧化物 Me_xO_y 在曲线以下的区域内稳定. 当体系的温度和气体成分正好位于曲线上时，反应处于平衡状态，Me_xO_y、Me、H_2 与 H_2O 平衡共存. 对于

Me_xO_y的还原，只要控制一定的还原条件，即温度和气相中 H_2的浓度，就可以使还原反应按预期的方向进行. 同时，根据反应的热力学数据，可以准确地计算反应在给定温度下的 H_2最低浓度.

氢还原氧化物是典型的气-固反应过程，反应过程的动力学描述主要包括两个模型：The shrinking core model 和 The crackling core model.

<1> The shrinking core model[32]

当固体粒子和气体进行反应时，产物层逐渐增后，而未反应核部分逐渐变小，直至固体粒子被完全还原，如图 1.7 所示. 反应速率的限制性步骤包括界面化学反应和产物层中的扩散. 反应程度随相对反应时间的变化如图 1.8.

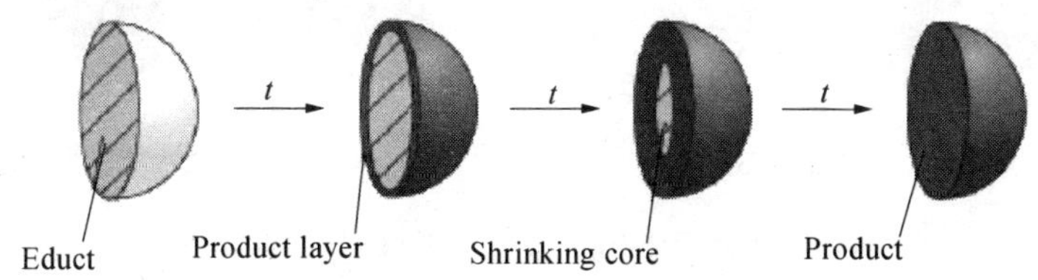

图 1.7　未反应核模型示意图

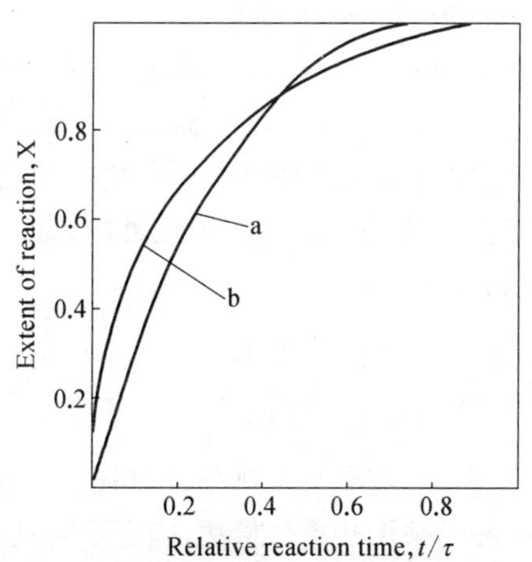

图 1.8　未反应核模型中还原度与反应时间的变化

a：化学反应控制；b：扩散控制

颗粒的转变分为两种机制：

(1) 伪晶转变机制(Mechanism of Pseudomorphic Transformation)：在反应过程中，反应界面从伪晶开始，还原产物呈多孔状结构.

(2) CVT(Chemical Vapour Transport)机制：由于反应物的分解形成中间气态传输相，传输相被沉积在产物晶核上. 这样，产物的颗粒形成新的形貌. 产物的颗粒分布由气相沉积条件(均匀/非均匀形核和核的长大)所决定. CVT 变化的过程如图 1.9 所示.

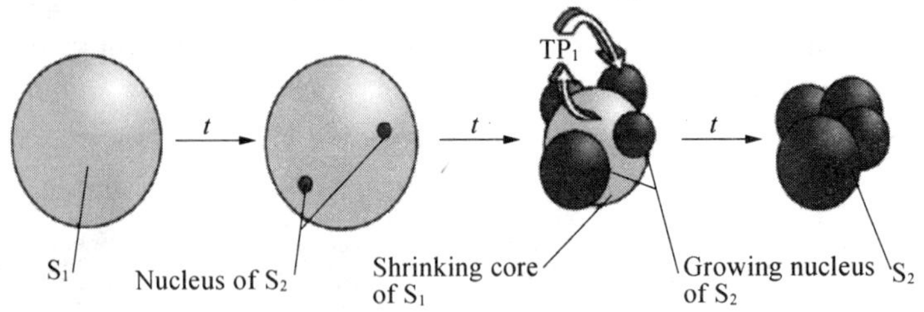

S_1：固态原始反应物；TP_1：气态传输相；S_2：固态产物

图 1.9 CVT 转变过程示意图

<2> The crackling core model

这个模型是 Park 和 Levenspiel[33]给出的. 模型假设原始反应物颗粒是没有孔的，反应转变经历了两个阶段：首先，在反应气体作用下，固体反应物转变成为从表面到中心具有缺陷和裂缝，这样使气体容易扩散进去；然后，形成的多孔层的颗粒再按未反应核的模式反应为最终产物. 变化过程为：

$$\begin{pmatrix}\text{无孔固态}\\\text{反应物}\end{pmatrix}\xrightarrow[\text{化学反应}]{\text{step1：物理或}}\begin{pmatrix}\text{颗粒状}\\\text{中间产物}\end{pmatrix}\xrightarrow[\text{化学反应}]{\text{step2：气固}}\begin{pmatrix}\text{多孔的}\\\text{终产物}\end{pmatrix}$$

由上面的文献总结知道，关于热分子氢还原氧化物的研究方法主要分为两类：一类是采用热重分析法，确定不同氧化物在不同条件下的还原转化率和时间关系曲线，并根据曲线来判断反应的限制性环节和反应进行的途径，计算反应的活化能，从比较宏观的角度来探索还原反应的机理;另一类是试图揭示还原反应的微观机理,主要借助于热台显微镜、热台X射线衍射等工具,对还原微区进行实时的在线观察与测试,了解新相形核、核长大等动态微观反应过程,并结合光学显微镜、扫描电镜及透射电镜等来观察试样的微观结构和形貌.

大量的实验工作说明影响氢气还原氧化物反应机理的因素较多,如试样的纯度、杂质、添加剂种类、含量、粒度、空隙度和形状,气相组成和气体流速,实验温度范围等,但最普遍研究的重要因素是还原温度和气体压力.一般情况下,提高温度和压力可以加快还原过程的进行,但是提高温度会引起炉料的粘结进而造成还原反应和扩散过程的迟缓,而压力的升高又受反应器结构强度的限制.对反应体系施加外场,改变参加反应气体的粒子状态同样可以有效地强化化学反应,比如把直接参加还原反应分子氢转变为等离子态的氢.

目前,等离子体在冶金中的应用已很广泛,等离子电弧炉、等离子感应炉、等离子电弧重熔、等离子电子束重熔、等离子钢包精炼、连铸中间包加热钢水技术、等离子弧制取超细粉末等[34~39]都是等离子体技术工业应用的成功范例.

在等离子体反应器中存在着活泼的氢粒子,它一直被认为适用于金属氧化物的还原,一些研究者也对等离子体氢在还原反应过程的作用进行了研究.

1.2 等离子体氢还原金属氧化物

1.2.1 热等离子体氢还原

早在1982年,日本的Koji Kamiya等[40]利用H_2-Ar直流等离子体炬对熔融Fe_2O_3和渣中的FeO进行了还原研究,反应氧化物放置在水冷Cu坩埚中,试样重25～75 g,混合气体流量为20 l/min,等离子体的输入功率为8.3 kW.结果表明,熔融Fe_2O_3的还原和时间成直线关系,反应速率和原子氢的分压成比例,由此推测FeO和热离解生成的原子氢之间的化学反应是速率的限制性环节.氧化铁还原的速率和渣中 FeO 浓度成正比，纯熔融氧化铁还原要比渣中溶解的 FeO 显然要快，推测反应由界面化学反应和 FeO 在边界层中传质混合控制. 还原反应只发生在由等离子体炬动量冲击在熔体表面形成的涡中.

瑞士 CIBA 公司[39]研究了用等离子法还原钨、钼、铼及其它难熔金属氧化物，用氢等离子体于 2 000～5 000℃处理上述材料，1 克分子原料需消耗 5～30 克分子氢，反应时间 10^{-2}～10^{-4} s，金属回收率为 95%～98%.

Long[41]和 Degout[42]利用常压直流等离子体炬以氢和碳作为还原剂研究了 TiO_2的还原. 实验中利用直流等离子体炬产生的氢等离子体火焰和置于坩埚中 TiO_2粉末相互作用的. Long 在 2 900℃下利用 20%H_2-80%Ar 等离子气还原得到含 Ti94%的 Ti-C-O 产物，大部分的还原过程是由碳而不是氢完成的，并指出在实验条件下氢等离子体不能完全去除产物中的氧. Degout 在低于 2 200℃下利用 10%H_2-90%Ar 等离子气做了相类似的实验，用 X 衍射分析知道产物主要是 TiO (75wt. %Ti)和 Ti_3O_5(64wt. %Ti). 他还在 2 000℃左右没有碳存在的情况下只利用氢进行还原，反应产物只含有极少量的 Ti_3O_5，主要的仍然是 TiO_2. 他指出这可能是由于还原时间短、温度低的缘故，在此实验条件下氢不是有效的还原剂.

Kitamra 等[43]利用射频等离子体炬研究了 Fe_2O_3、Cr_2O_3、TiO_2和 Al_2O_3在常压 Ar-H_2和 Ar-CH_4气体等离子体中的还原. 此研究的主要目的是弄清在等离子体中氢和碳对不同氧化物的还原能力. 实验中等离子体的温度约在 10 000 K，利用 5%H_2-95%Ar 等离子气，还原 Fe_2O_3得到了 α-Fe，还原 Cr_2O_3得到了 Cr、Cr_3O_4和 Cr_2O_3，还原 TiO_2得到的反应产物是 Ti_2O_3和 Ti_3O_5的混合物. 利用 0.5% CH_4-99.5%Ar 等离子气，还原 Fe_2O_3得到了 α-Fe、Fe-C 和 FeO，还原 Cr_2O_3得到了 Cr、$Cr_{0.62}C_{0.35}N_{0.03}$和 Cr_2O_3，还原 TiO_2得到的反应产物是 Ti_2O_3、Ti_3O_5和 TiC 的混合物. 实验过程中 Al_2O_3均未得到还原. 还原过程中原始物料是经过熔化、气化悬浮在等离子中得到还原的，等离子体的高温热特性起着重要作用. 作者还分析指出，由于在高温下 CO 稳定，所以碳具有很高的还原能力，而氢在高温下的还原能力较差.

R. A. Palmer 等[44]也研究了利用 50％H_2-50％Ar 直流热等离子体炬还原 TiO_2，实验装置示意图如图 1.10 所示. 实验温度在 6 000℃以上，气压为 1atm. 与以往热等离子体的区别主要在于此研究中采用了相对较高的氢浓度(50％). 在输入功率为 13 kW、还原时间 10～90 min，得到含 67％～73％ Ti 的产物. Palmer 根据实验结果指出等离子体氢对还原程度没有重要影响，目前的实验技术还不能得到金属 Ti.

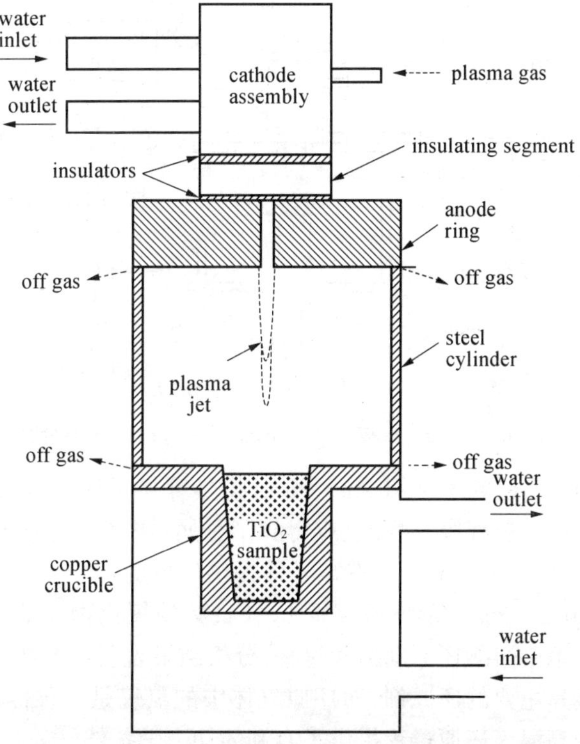

图 1.10　典型的等离子体炬还原氧化物的实验装置

Watanabe等[45]研究了利用Ar - H_2热等离子体来还原SiO_2 - Al_2O_3混合物来回收金属. 实验装置如图1. 11. 具体的实验条件：电流200 A,电压20 V,气压101 kPa,Ar的流量10 Nl/min,氢气的流量1 Nl/min,等离子炬与试样的距离25 mm. 作者从热平衡和反应生成自由能来预测了反应体系中存在的主要反应,结合实验结果指出,可以回收金属Si,但不能还原得到Al. 原子氢可能在快速冷却过程中对还原反应起到了一定的作用,但主要是热等离子体的高能热量强化了反应的动力学.

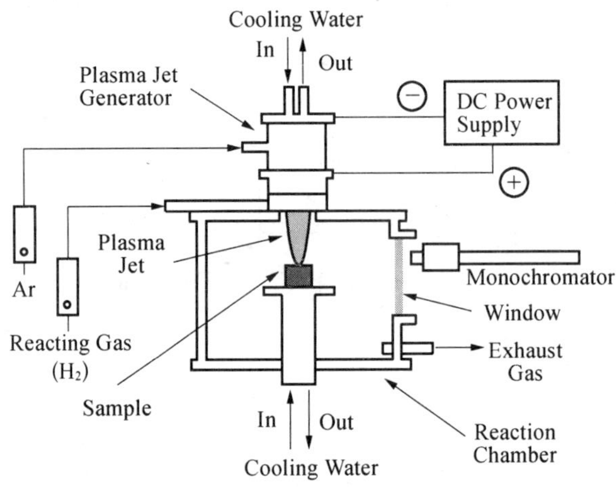

图1. 11　Ar - H_2热等离子体还原SiO_2 - Al_2O_3混合物

Mohai[46]研究了利用Ar - H_2射频热等离子体来处理含Fe、Zn氧化物的冶金过程废弃物. 反应得到了金属铁和锌,研究中没有探讨还原的机理,主要是利用了等离子体提供的热量.

Dietmar Vogel等[47]研究了Fe、Cr、V的氧化物在Ar/CH_4直流等离子体炬中熔融还原动力学过程,分析结果表明：还原过程中一氧化碳或碳是主要的还原剂,而还原气体中的氢仅是一种传输介质,等离子体的高温为还原过程提供了有利的动力学条件.

Huczko等[48]利用大气压下射频Ar - H_2热等离子体对Cr_2O_3进

行了气相还原，利用光谱仪器估计反应温度在 3 500～5 000℃. 实验中先在坩埚中把 Cr_2O_3 加热气化，用 Ar 做载气输送气态的铬氧化物和氢等离子体相互作用，反应后的产物沉积于反应器壁上，用 X 射线衍射检测到金属 Cr 相的存在. 作者还指出，相对于传统的非均相高温等离子体热分解氧化物，气相反应是实现氢还原高熔点氧化物的一条有效途径.

在以上的文献中可以看出，热等离子体氢还原氧化物研究基本上还处于还原过程的宏观现象和结果的定性讨论上，没有像传统的分子氢还原那样深入地、定量地研究还原过程的热力学和动力学机理问题. 这些还原研究主要是把等离子体做为高温热源来利用，并没能充分利用等离子体中活性的氢粒子. 作者试图对其中的原因进行分析.

(1) 热力学上的可行性

由图 1.12 可以看出，等离子态的氢（用原子氢来表示）和分子态的氢还原难还原的金属氧化物 TiO_2 和 Cr_2O_3 的 ΔG^0-T 曲线呈现相反的变化趋势，随着反应体系温度的升高，等离子态的氢还原反应的 ΔG^0 逐渐增大，直至变为正值，使还原反应不能自发地进行. 所以要充分利用等离子体系中的活性氢粒子，保持反应体系较低的温度是比

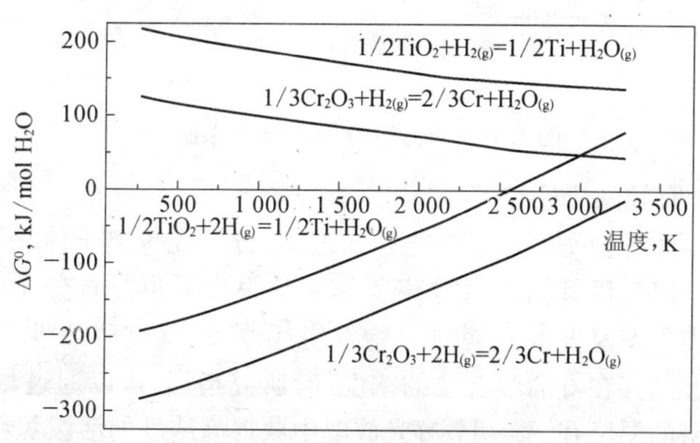

图 1.12　不同形态的氢还原 TiO_2 和 Cr_2O_3 的 ΔG^0-T 曲线[10]

较合适的. 在所有的文献研究中只有 Palme[44] 根据热力学计算注意到了随着反应体系温度的升高将不利于利用活性氢粒子还原 TiO_2. 但 Palme 的研究中反应体系的温度不是实际测量的，而是根据体系能量守恒估算出来的，反应温度估计在 2 000℃以上. 实际上与等离子体炬的火焰接触的氧化物反应温度应该大大高于 2 000℃，这可能是 Palme 认为等离子体氢没有强化还原作用的原因.

(2) 生成产物水的分解

如图 1.13 所示，如果还原反应温度在 4 400 K 以上时，水的分解反应的自由能变化变为负值，由于还原产生的 H_2O 分解成氢和氧，还原产生的金属有再被氧化的危险. 如果不能把氢还原得到的水汽及时排除，即利用等离子体氢进行的还原反应温度应不高于 4 400 K.

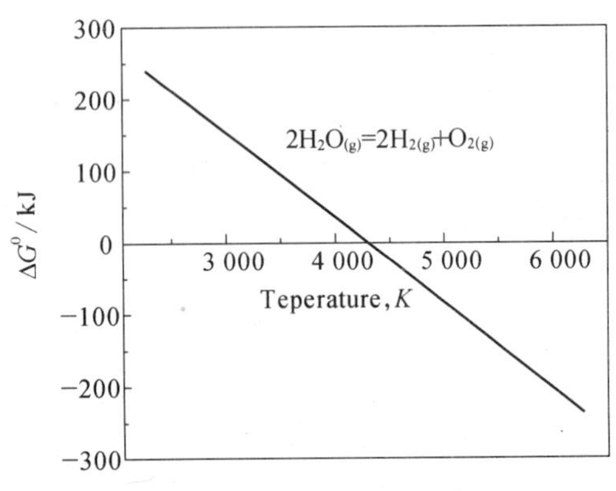

图 1.13　水分解的 $\Delta G^0 - T$ 关系图[10]

(3) 有效的活性粒子

根据非平衡态等离子体化学知道，氢分子在等离子体场中激发、离解和电离为极其活泼的等离子体氢是很容易再复合分子氢的. 活泼的等离子态氢要和金属氧化物发生还原反应，这些活性粒子必须具有足够的存在寿命和有效的浓度. 有研究指出，可以通过尽量降低反应器壁的温度在 $Ar - H_2$ 辉光放电中获得高浓度的活泼氢粒子[49].

从以上几个方面的分析知道，在适当的(既要考虑热力学上的可能性，又要顾及动力学的速率问题）低温等离子体中可以充分利用等离子态粒子的活性来强化化学反应. 随着低温等离子体化学的发展，利用低温等离子体的化学活性强化化学反应日益受到有关研究者的重视.

1.2.2 低温等离子体氢还原

和以往热等离子体还原研究不同，DANIEL 等[50,51]研究了低温、低压的非平衡态氢气微波等离子体还原 $FeO \cdot TiO_2$ 和 TiO_2 氧化物. 研究发现利用等离子态的氢还原 $FeO \cdot TiO_2$ 比传统的 H_2 还原 $FeO \cdot TiO_2$ 反应的平衡常数大很多，在 1 123 K 下，计算得到传统热力学平衡状态下 H_2 还原 $FeO \cdot TiO_2$ 反应的平衡常数为 7.8×10^{-8}，而利用氢等离子体还原 $FeO \cdot TiO_2$ 反应的平衡常数为 4.1×10^{13}. 在等离子体条件下，H_2 的反应分数（产生的 H_2O 的摩尔数/通入 H_2 的摩尔数）比传统反应条件下的平衡预测值大 420%；分子氢用几个小时才能完成的还原程度，在氢等离子体条件下几分钟内就能达到.

目前低温等离子体氢应用最多还是半导体、微电子等方面的放电清洁（discharge cleaning）和表面改性[52～58]. 它的主要优点是反应温度低，可以在室温下进行，粒子反应活性高. 主要是利用低温等离子体环境中产生活性粒子和固体表面杂质反应生成挥发性、易于脱附的分子，再由流动的气体带走. 可以根据要去除杂质的类型的不同，选择不同气体或混合气体来作为放电介质. 要除去表层的氧化物，一般利用氢或氢和惰性气体的混合气来产生等离子体[59,60].

Mozetic[61]在如图 1.14 的射频等离子体氢装置中对 $Fe_{60}Ni_{40}$ 合金基片的表面进行清除，实验气体压力为 50 Pa，输入功率为 300 W，利用双电子探针和镍催化探针测得等离子体中带电粒子的密度为 $8\times10^{-15}\ m^{-3}$，电子温度约为 6 eV，氢分子的离解度约在 30%. 处理的最大温度不超过 185℃. 试样处理前表面元素含量分析如图 1.15，其中的氧含量比较高；处理 20 s 后的试样表面元素含量分析如图 1.16，其中的氧元素基本上被清除.

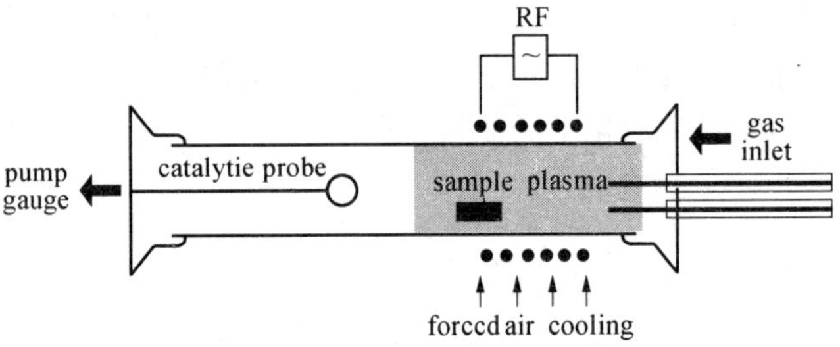

图 1.14 放电清除装置

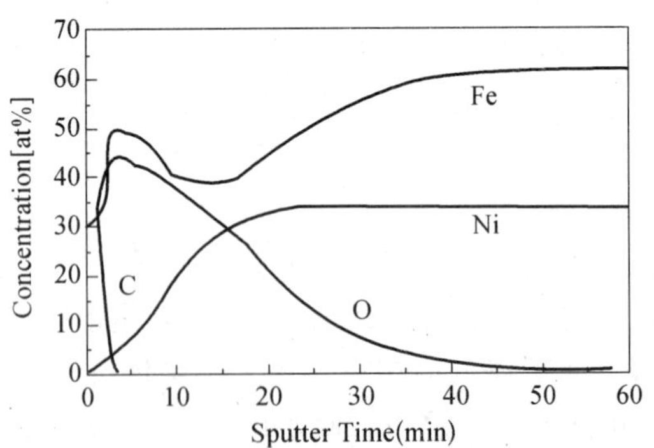

图 1.15 未处理的试样表面元素含量分析

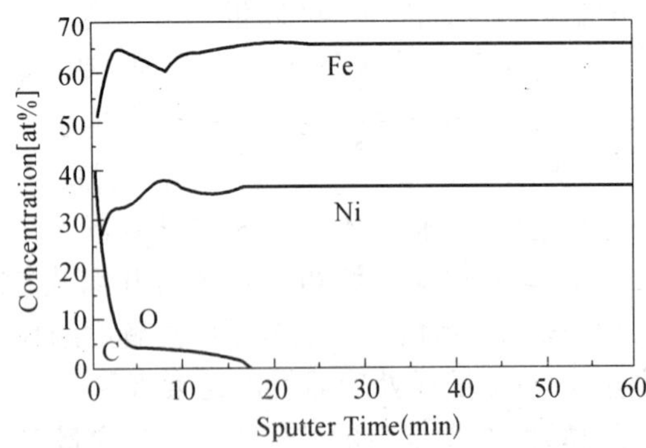

图 1.16 放电清除后试样表面元素含量分析

Yasushi 等[62,63]研究了在大气压辉光放电和介质阻挡放电等离子体氢中还原 CuO 薄膜. Cu 作为电子器件的重要电路材料,由于铜暴露与空气中表面会形成一层很薄的氧化膜,从而影响了它与有机电路材料的粘附结合性能,因此必须进行处理. 实验用试样分两种,一种是通过在 Si 基片上沉积 20 nm 厚的铜膜,然后加热氧化;另一种是直接把 CuO 溅射沉积到 Si 基片上,溅射 CuO 膜的厚度为 200 nm. 实验输入功率为 200 W,He 气的流量为 5 000 cm^3/min,氢气的流量为 50 cm^3/min. 放置试样的下极板温度低于 100℃. 用 XPS 技术对还原前后的试样进行了分析,发现还原层厚度随时间变化近似呈抛物线形式,从而推测原子氢在还原金属层中的扩散是限制性环节. 通过真空紫外线吸收技术了解到 Cu_2O 的还原和等离子体相中的氢原子的吸附系数有关.

Ron Kroon[64]研究了直流放电等离子体氢去除 Si(100)表面的氧. 他们的研究利用了高真空条件下(10 - 7 mbar)氢等离子体的刻蚀作用,室温下 Si(100)表面氧的去除效率依赖于分压比(H_2/H_2O),这个分压反映了 Si 表面被原子氢还原和被残余 H_2O 重新氧化过程之间的竞争. 实验发现等离子体相中低能氢离子的碰撞有利于表面氧化物的还原. 当试样电势保持在 25 V,低于等离子体的电势时,还原过程最有效.

Brecelj 等[65]研究了用 27. 12 MHz、700 W 的射频等离子体氢还原 CuO 薄层,氢气的压力为 0. 05～50 Pa,实验中测得的电子能量为 1. 8～2. 2 eV,等离子体的密度为 $1 \sim 3 \times 10^{15}/m^3$. 室温下,在气体压力为 1 Pa 时,CuO 还原的效果最好. 这是因为在较高的压力下,在试样表面形成较厚的吸附气体层,活泼氢粒子在化学吸附层内的复合导致氢粒子通量的减小. 而在低压下,由于等离子体中活泼氢粒子浓度减小影响还原效果.

在以上利用冷等离子体氢还原氧化物的研究中,都提到了充分利用低温等离子体环境中活泼氢粒子来实现氧化物的有效还原. 实际上等离子体是由分子氢和活泼非分子氢组成的混合体系,原子氢是氢等离子体中活泼粒子之一，下面对原子 H 和分子 H_2 组成的混合气还原金属氧化物反应的热力学进行分析.

分子氢和 O_2 反应生成水蒸气的反应如下[10]：

$$2H_2 + O_2 = 2H_2O \quad \Delta G_5^0 = -492.9 + 0.1096T \tag{1.5}$$

原子 H 与 H_2 之间平衡反应[10]：

$$4H = 2H_2 \quad \Delta G_6^0 = -875.61 + 0.21205T \tag{1.6}$$

由式(1.5)+(1.6)得：

$$4H + O_2 = 2H_2O \quad \Delta G_7^0 = -1368.51 + 0.3267T \tag{1.7}$$

假设由 H 和 H_2 组成的混合气体为近似理想气体，则有：

$$\frac{P_H}{P_{H_2}} = \frac{n_H}{n_{H_2}} = \frac{V_H}{V_{H_2}} \tag{1.8}$$

上式中：P_i、n_i 和 V_i 分别代表混合气体中组分 i 的分压、摩尔数和体积.

由 H 和 H_2 混合气体和 O_2 反应生成水蒸气的一般反应式可表示为：

$$n_H H + n_{H_2} H_2 + \left(\frac{n_H}{4} + \frac{n_{H_2}}{2}\right) O_2 = \left(\frac{n_H}{4} + n_{H_2}\right) H_2O \tag{1.9}$$

假设 H 和 H_2 混合气体中原子 H 的摩尔分数为 n，则有：

$$n = \frac{n_H}{n_H + n_{H_2}} \tag{1.10}$$

由上式解得：

$$n_{H_2} = \frac{n_H(1-n)}{n} \tag{1.11}$$

将(1.11)式代入(1.9)式并整理得：

$$\frac{4n}{2-n}H + \frac{4(1-n)}{2-n}H_2 + O_2 = 2H_2O$$

$$\Delta G_{12}^{0} = \frac{1}{2-n}[-985.75 - 382.75n + (0.219\,24 + 0.102\,42n)T] \quad (1.12)$$

对于任意一种金属氧化物 Me_xO_y 有：

$$\frac{2x}{y}MeO + O_2 = \frac{2}{y}Me_xO_y \quad (1.13)$$

由(1.12)－(1.13)式可以得到用 H 和 H_2混合气还原金属氧化物 Me_xO_y 反应：

$$\frac{4n}{2-n}H + \frac{4(1-n)}{2-n}H_2 + \frac{2}{y}Me_xO_y = 2H_2O + \frac{2x}{y}Me$$

$$\Delta G_{14}^{0} = \Delta G_{12}^{0} - \Delta G_{13}^{0} = \frac{1}{2-n}[-985.75 - 382.75n + (0.219\,24 + 0.102\,42n)T] - \Delta G_{13}^{0} \quad (1.14)$$

这样，通过计算 ΔG_{14}^{0} 可以很容易判断任意比例的 H 和 H_2混合气还原金属氧化物 Me_xO_y 反应进行的可能性.

如图 1.17 所示，计算了反应式(1.12)的吉布斯自由能随温度变化的关系，H/H_2的值从 0 增大到 1，ΔG_{12}^{0} 减小很多，由式(1.14)可

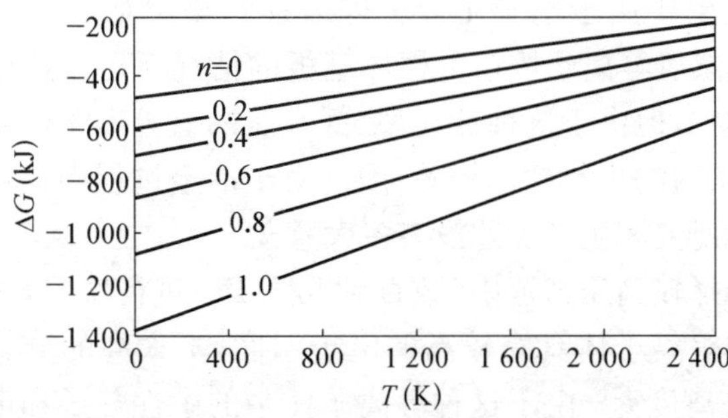

图 1.17　反应式(1.12)的 ΔG－T 关系曲线

知：随着混合气体中原子 H 比例的增大，混合气体还原金属氧化物反应的吉布斯自由能减小，混合气体的还原能力增强，金属氧化物被还原的可能性增大.

可见，H 和 H_2混合气具有很高的反应活性，这对于降低还原反应温度、加快还原反应速度都具有很重要的意义，特别是可以为极其稳定的金属氧化物的氢还原提供了一条潜在可能的有用途径[66,67].因此，从理论上讲，非分子态氢的存在对氢还原金属氧化物的过程可能具有强化作用.

与 H_2相比，具有很高反应活性的气态非分子氢是不稳定的，目前具有有效寿命的纯非分子态氢气体是不能获得的，但可以产生非分子态氢和分子氢的气态混合物.那么，如何产生非分子氢和分子氢的气态混合物呢？

研究表明[68,69]，在较低气压条件下气体放电形成等离子体化学反应中，能持续安全地产生出在常规热化学反应中不能轻易得到的活性非分子态氢.

施加等离子场来强化氢还原金属氧化物的效果是本课题研究的根本出发点.

正如前面关于等离子体氢还原氧化物的文献综述中提到的，氧化物的氢等离子体还原具有热力学优势，但目前对于氢等离子体还原金属氧化物的研究存在局限性.在极低气压（$<$100 Pa）非平衡态等离子氢还原主要用于电子工业去除表面污染物如氧化物和氮化物等[70~77].虽然氢等离子体在不损坏基板的情况下可以还原去除污染物中的氧化物，但由于这种低功率、低气压的氢等离子体工艺的反应速率很低，实验的重复性也较差，因此对于冶金过程中氢还原金属氧化物的实际研究和生产实践没有多大意义.

本文选择较高压力范围（数百到几千 Pa）进行实验，这种较高压力下形成的等离子体具有较高的电子温度、不太高的分子温度和中等程度的电离度[43].由于这种等离子体中的中性分子和电子的温度还是存在很大的差异，因此它仍然属于非平衡态的低温冷等离子体.

对于这种较高压力下的等离子体，一方面电子的能量足够高，能够碰撞中性分子产生化学反应所需的活泼粒子；同时，由于压力较高，能产生较高浓度的活泼粒子. 这对于实际研究和生产具有一定的重要意义.

如果等离子体氢能强化金属氧化物的还原过程，它必须能存在于温度相对较低的试样表面. 这要求等离子体氢扩散穿过试样表面边界层时，不会复合消失；并且逆反应 $Me + H_2O = MeO + H_2$ 发生的速率很低，以避免金属(Me)的再氧化和分子氢的产生. 这两个对等离子体氢的要求依赖于试样表面上的非平衡化学效应，这些现象还没有被充分观察到得以充分理解的地步. 由于等离子体氢还原反应是一个复杂的非平衡态等离子体化学过程，利用等离子体氢还原金属氧化物无论在理论上还是在实验中都还没有得出非常明确的结论. 利用直流脉冲电场产生等离子体氢来还原金属氧化物也未见过报道.

区别以往的等离子体在冶金中仅作为热源，充分利用低温等离子体的化学特性，比较系统地研究用低温冷等离子体氢强化金属氧化物还原过程的规律，试图开拓低温等离子体冶金的新领域，也是本文研究的出发点之一.

1.3 本文主要研究内容

基于以上的文献综述，结合本实验室的实验条件，对非平衡态低温冷等离子体氢还原金属氧化物进行了研究，具体研究内容包括以下几个方面：

(1) 低温等离子体及其化学特性分析；

(2) 直流脉冲辉光氢等离子体还原金属氧化物实验研究；

(3) 等离子态氢还原金属氧化物能力的理论探讨；

(4) 冷等离子体氢还原金属氧化物的动力学分析；

(5) 等离子体氢还原金属氧化物强化机理的解释.

第二章　低温等离子体及其化学

2.1　等离子体简介

2.1.1　等离子体的概念及性质

宏观物质在一定的压力下随温度升高由固态变成液态，再变为气态(有的直接变成气态).当温度继续升高，气态分子热运动加剧.当温度足够高时，分子中的原子由于获得了足够大的动能，便开始彼此分离.分子受热时分裂成原子状态的过程称为离解.若进一步提高温度，原子的外层电子会摆脱原子核的束缚成为自由电子.失去电子的原子变成带电的离子，这个过程称为电离[78,79].

除了加热能使原子电离(热电离)外，还可通过吸收光子能量发生电离(光电离)，或者使带电粒子在电场中加速获得能量与气体原子碰撞发生能量交换，从而使气体电离(碰撞电离).

发生电离(无论是部分电离还是完全电离)的气体称之为等离子体(或等离子态).等离子体是由带正、负电荷的粒子组成的气体.由于正负电荷总数相等，故等离子体的净电荷等于零.等离子态与固、液、气三态相比无论在组成上还是在性质上均有本质区别.首先，气体通常是不导电的，等离子体则是一种导电流体.其次，组成粒子间的作用力不同.气体分子间不存在净的电磁力，而等离子中的带电粒子间存在库仑力，并由此导致带电粒子群的种种特有的集体运动.另外，作为一个带电粒子系，等离子体的运动行为明显地受到电磁场的影响和约束[80].

2.1.2　等离子体的分类及应用

根据离子温度与电子温度是否达到热平衡，可把等离子体分为平衡(高温)等离子体($10^6 \sim 10^8$ K)和非平衡(低温)等离子体(小于10^5 K)[81]. 在平衡等离子体中,各种粒子的温度几乎相等. 在非平衡等离子体中电子温度与离子温度相差很大.

等离子体在工业上的应用具有十分广阔的前景. 高温等离子体的重要应用是受控核聚变反应,可以用来解决人类未来的能源问题. 低温等离子体在 20 世纪 60 年代已基本形成了一些具有优势的加工技术,在能源、信息、材料、化工、医疗、军工、航天等领域表现出了技术竞争力,在同其他基础学科、技术领域的相互渗透、促进中,低温等离子体的研究与应用得到不断的发展[82~101].

低温等离子体进一步可分为热等离子体(热力学平衡体系,3 000~10^5 K)和冷等离子体(热力学非平衡体系,<3 000 K). 热等离子体一般主要作为高温热源,主要应用于切割、焊接和喷涂、金属熔炼等方面. 冷等离子体环境下的粒子具有很高的活性,在化学反应过程应用中占有重要地位. 目前,多数研究中提到的低温等离子体一般指等离子体中电子温度[T_e]>>离子温度[T_i],电子温度可达10^4 K 以上,而其离子和中性粒子的温度却可低至几百度,甚至室温的冷等离子体[102].

2.1.3 低温等离子体的产生

目前低温等离子体主要是由气体放电产生的. 根据放电产生的机理,气体的压强范围、电源性质以及电极的几何形状、气体放电等离子体主要分为以下几种形式[78,79,103]:(1) 射频放电;(2) 微波放电;(3) 直流辉光放电;(4) 电晕放电;(5) 介质阻挡放电. 其中前 3 种一般是低气压下放电,而后 2 种可以在常压下产生低温等离子体.

(1) 射频放电是在低压电容器两极间施加低频(50~500 Hz)或高频交流电压产生辉光等离子体,见图 2.1 所示. 由于是两极溅射,粒子在电场力的作用下在空间谐振迁移.

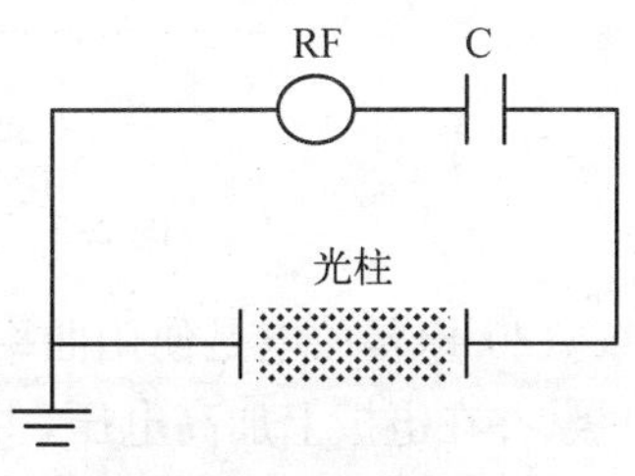

图 2.1 射频放电示意图

(2) 微波放电是将微波能量转换给气体分子的内能,使之激发、离解和电离而产生等离子体的一种气体放电形式. 通常采用的频率为 2.45 GHz. 微波放电时可以获得高密度的等离子体,具体的放电装置如 2.2 图.

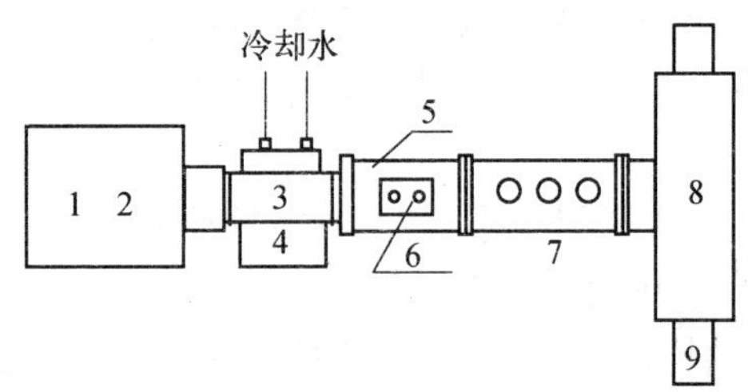

1、2—微波发生电源、磁控管 3—环行器 4—水负载 5—定向耦合器 6—功率测量仪 7—螺钉调配器 8—空腔谐振器 9—石英放电管

图 2.2 微波等离子体发生装置图

(3) 直流辉光等离子体是在两极板间施加直流电场,极板间的低压气体分子在高能电子的碰撞下发生放电,如图 2.3 所示.

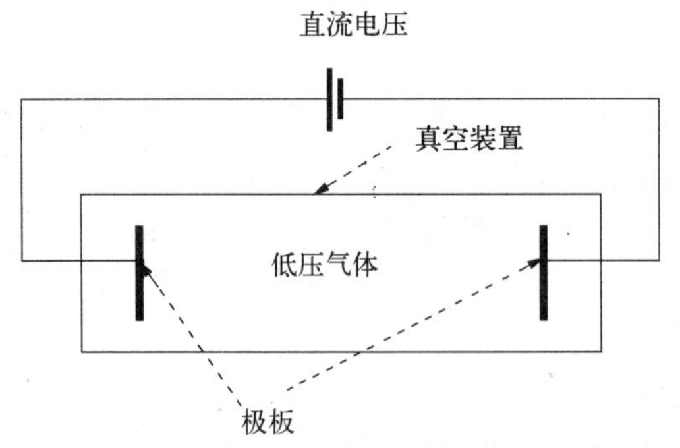

图 2.3 直流辉光放电示意图

(4) 电晕放电是使用曲率半径很小的电极. 如针状电极或细线状电极,并在电极上加高电压,由于电极的曲率半径很小,而靠近电极区域的电场特别强,电子逸出阳极,发生非均匀放电[103],如图 2.4 所示.

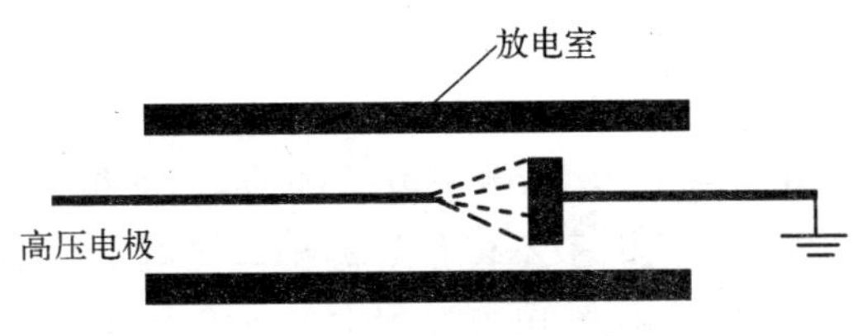

图 2.4　电晕放电

(5) 介质阻挡放电产生于两个电极之间，其中至少一个电极上面覆盖有一层电介质，如图 2.5 所示. 介质阻挡放电是一种兼有辉光放电的大空间均匀放电和电晕放电的高气压运行的特点，具有大规模工业应用的可能性[83,84].

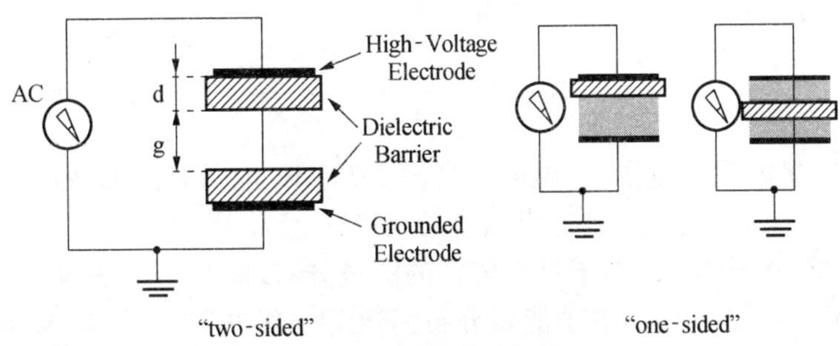

图 2.5　介质阻挡放电示意图

在以上几种放电方式中，直流辉光放电中带电粒子在电场的作用下运动是单向的，是最基本且长期以来一直被使用的气体放电方式，并且设备简单，在技术上容易控制，成为目前为研究等离子体化学而产生等离子体的重要方式[104]. 本研究选择了直流电场作用于氢气形成等离子态的氢来研究等离子体氢还原金属氧化物的效果和规律.

2.2　低温等离子体化学

等离子体化学是探索、揭示物质处于"第四态"——等离子状态下的性质、特点和化学反应规律的一门化学分枝科学.

2.2.1 电子的能量

在气体放电等离子体中，由于电子的速度、能量远高于离子. 因此，在整个放电通道中，电子不仅是等离子体导电过程中的主要载流子，而且在粒子的相互碰撞、电离过程中也起着极为重要的作用.

电子温度的高低反映了等离子体中电子平均动能的大小，它们之间的关系是：$E=(3/2)kT$[105]，式中 k 是玻尔兹曼常数（$1.38\times10^{-23}\ \mathrm{J\cdot K^{-1}}$），$T$ 是电子温度(K)，E 是电子的平均动能(J).

若电子在电场中获得的能量 $W=1\ \mathrm{eV}$，电子的电荷为 $1.60\times10^{-19}\ \mathrm{C}$，$V=1\ \mathrm{V}$，因而得到 $1\ \mathrm{eV}=1.60\times10^{-19}\ \mathrm{C}\times1\ \mathrm{V}=1.60\times10^{-19}\ \mathrm{J}$. 由 $E=(3/2)kT$ 可得：

$$T=\frac{2}{3}\times\frac{E}{k}=\frac{2}{3}\times\frac{W}{k}=\frac{2}{3}\times\frac{1.60\times10^{-19}}{1.38\times10^{-23}}=7\,729\ \mathrm{K}$$

即 1 eV 能量的电子，其温度相当于 7 729 K. 电子温度可高达$10^4\sim10^5$ K，但离子温度只不过几百度乃至接近室温.

等离子体中的电子具有较宽的能量分布，图 2.6 是平均能量为 2 eV、3 eV、5 eV 的电子能量分布函数[106]. 其中实线为 Maxwell 分

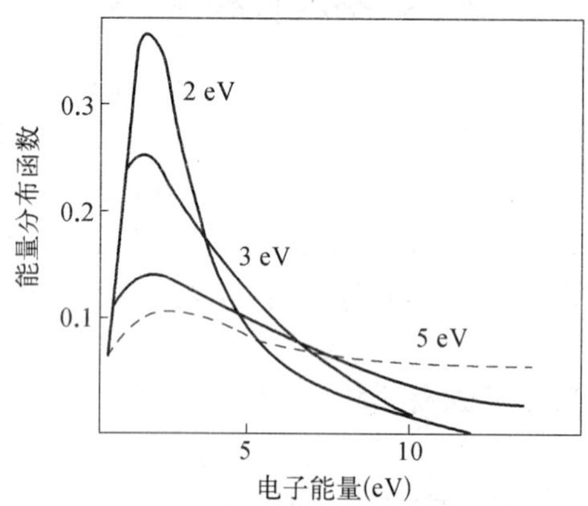

图 2.6　电子能量分布函数

布,虚线为实测值. 可见,实际的能量分布比 Maxwell 分布更宽,最大电子能量可以超过 10 eV. 而热化学反应时,当温度高达几万度时,其能量相当于 4 eV;光化学反应时,若紫外光的波长为 200 nm 时,其能量相当于 6 eV. 等离子体中能量较宽的电子可以和原子、分子碰撞,产生具有较强化学活性的基态或激发态的原子、离子等,表 2.1 列出几种分子的解离能[5],多数解离能较低,通常低于 10 eV. 表 2.2 列出低气压氮等离子体中的能量分布[106]. 可见,等离子体的能量大部分贮存在解离能中. 由于它的能量范围较宽,因此有时难以对化学反应进行选择性控制.

表 2.1　几种气体分子的离解能

分　子	H_2	N_2	O_2	CO	NO	OH	CO_2
离解能(eV)	4.48	9.76	5.08	11.11	6.18	4.38	16.56

表 2.2　低气压氮等离子体中的能量分布

能量分类	平动	转动	振动	离解	亚稳态	激发态	离子	电子
Kcal/mol	1.8	1.8	$\geqslant 1.8$	≈ 135	$\leqslant 6$	≈ 0.3	$\approx 10^{-3}$	$\approx 10^{-3}$

2.2.2　等离子体空间化学反应

在等离子体中存在以下几种基元反应进行过程[78,107~109](以氢等离子体为例):

(i) 一个原子或分子吸收能量使它的外层电子从基态能级跃迁到高能级,则这个原子或分子就处于激发态. 由于高能电子的碰撞发生的激发过程如下:

$$H_2 + e^* \longrightarrow H_2^* + e$$

$$H_2 + e^* \longrightarrow 2H + e$$

$$H + e^* \longrightarrow H^* + e$$

上式中：H 和 H_2 分别表示基态的氢原子和氢分子；e^* 和 e 分别表示高能电子和常态电子；H^* 和 H_2^* 分别表示激发态的氢原子和氢分子.

(ii) 一个原子或分子吸收能量如果大到使它的一个电子(通常是外层电子)完全摆脱它的束缚逃逸到无穷远，这个过程称为电离. 失去了电子的原子(或分子)就叫电离的原子(或分子)，即带正电荷的离子. 由入射粒子(电子、离子或中性粒子)的碰撞而产生的电离过程为：

$$H_2 + e^* \longrightarrow H_2^+ + 2e$$

$$H + e^* \longrightarrow H^+ + 2e$$

$$H^* + H^* \longrightarrow H^+ + H + e$$

上式中：H^+ 和 H_2^+ 分别表示氢离子和氢分子离子.

(iii) 在等离子体中，激发态的粒子由于释放光子等原因转变为基态粒子的过程为消激发，电子与正离子、负离子与正离子相碰撞而形成中性粒子的过程叫复合，它相当于电离过程的逆过程. 消激发和复合过程是原来的活性粒子失去反应活性，变为常态粒子.

(iv) 在等离子体中，当离子和中性粒子相碰撞时，离子从中性粒子夺走电子，结果离子变成中性粒子，而中性粒子变为离子，这个过程称为转荷. 例如：

$$H^+ + H \longrightarrow H + H^+$$

(v) 当能量很高的电子和原子(或分子)相碰撞时，电子可以附着在原子(或分子)上形成负离子，这称为电子依附过程. 其反应为：

$$H + e \longrightarrow H^- + h\nu \text{(光子能量)}$$

在整个等离子体放电过程中，这几种基元反应同时存在，维持着等离子体的放电、整体的电中性和高反应活性. 由以上基元反应可以看出，电子在整个放电过程中起着很重要的能量传递作用. 等离子体中的高能电子和原子、分子碰撞，产生基态或激发态的原子、离子等，这些粒子具有很高的化学活性，可以促使化学反应的进行，并有可能进行通常热化学条件下较困难、甚至不可能进行的化学反应，这正是等离子体化学反应的重要特征.

在氢等离子体中存在 H_2、H、H_2^+ 和 H_3^+ 等活泼的反应粒子，这些粒子还原 Cr_2O_3 反应的吉布斯自由能和平衡常数的计算结果如图 2.7 和表 2.3 所示. 计算所用数据来源于有关数据库[10].

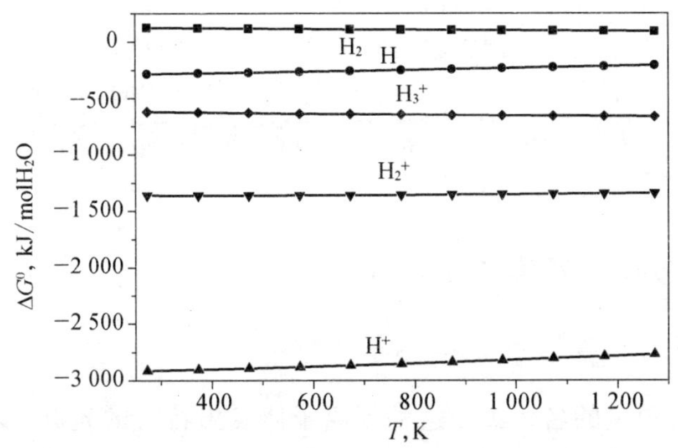

图 2.7　不同形态的氢还原 Cr_2O_3 的 $\Delta G - T$ 关系曲线

表 2.3　不同形态的氢还原 Cr_2O_3 的化学反应平衡常数 K(1 000 K)

H_2	H	H^+	H_2^+	H_3^+
4.881E−012	3.668E+025	1.000E+308	3.319E+178	3.423E+090

Cr_2O_3 是比较难还原的金属氧化物，在 1 000 K 下，利用分子态的 H_2 还原是不可能的，由图 2.7 和表 2.3 可知利用分子态的 H_2 还原 Cr_2O_3 反应的吉布斯自由能大于零，而且反应平衡常数很小，几乎为零，利用分子态的 H_2 还原是不可能的；相反，利用非分子态的氢还原 Cr_2O_3 反应的吉布斯自由能均小于零，而且反应平衡常数很大. 如果

这些非分子态的氢具有参加化学反应有效寿命的话，这将使如Cr_2O_3这样的难还原金属氧化物在较低温度下、以较快的速度被还原具有很重要的意义.

可见，把等离子体引入化学反应机制，以电能代替所需的热能，其结果是化学反应的温度大幅度降低，也使本来难以发生或速度极其缓慢的化学反应成为可能，即所谓的“热力学”、“动力学”效应[110]. 高能电子是一把十分锋利的“电子剪刀”，足以切断任何气体分子的化学结合键，使常规难以进行的化学反应得以进行或加速进行，可按预先设计的模型合成新物质，实现了用电场、边界鞘层条件等物理参数去控制化学反应的方向、化学反应速率和产物，省去常规化学反应需要酸、碱、热、加减压、光以及催化剂等多种条件[111].

2.3 直流辉光等离子体

2.3.1 直流辉光等离子体的特征

辉光放电的名字源于这种等离子体发出特有的光辉，发光是由于高能粒子从激发态返回基态时能量以光子的形式释放而产生的. 辉光放电既可以提供活性物种或作为化学反应的介质，同时又能使体系保持非平衡态，这对于低温等离子体化学是很关键的. 在材料表面处理、溅射、等离子体刻蚀、等离子体化学气相沉积等许多领域中辉光放电几乎是低温等离子体的同义词.

直流辉光等离子体是在低气压下施加直流电场使气体放电而形成的，属于低温等离子体. 图 2.8 所示为在气体放电中压力与等离子体温度的关系[110,68]. 在较高气体压力情况下，向气体施加上电场，电子不能被充分加速，且电子的动能被密度很高的气体分子有效地吸收，转变成热能，体系中的电子温度与气体重粒子温度呈平衡状态，形成平衡态等离子体或者高温等离子体. 随着压力的减小，由于低气压分子间的距离比高气压下大得多，电子在空间长距离被加速，获得的动能很容易达到 10～20 eV 的能量. 这种被加速的电子与原子、分子碰撞使原子轨道、分子轨道断裂,从而使原子、分子离解成电子、离子、自由基等在常态下不稳定的化学基团. 离解形成的电子在电场中再被加速,又使其他分子或原子离解. 这样,气体就迅速形成高度电离的状态——等离子体气体. 电场加速对带电离子也有影响,但是离子的质量比电子大得多,不会具有大的动能,而中性的自由基则完全不被加速. 在低压下电离气体的特征是只有电子作高速运动,使原子或分子持续离解,另一方面,体系中占质量主体的离子或中性基团不具有很大的动能(热能). 电子温度与气体温度逐渐分离,形成电子温度与气体温度不平衡的体系——低温等离子体.

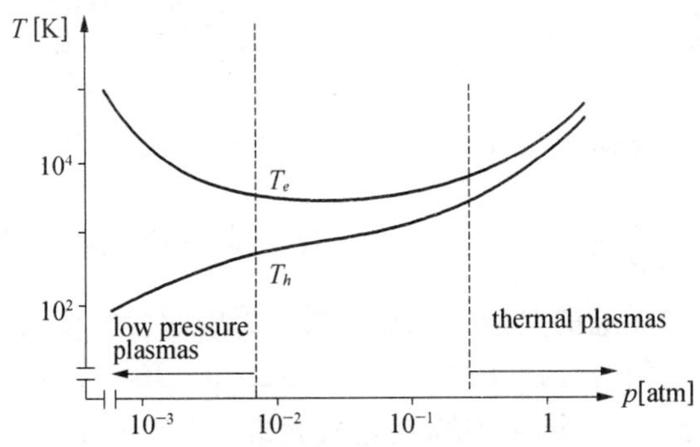

图 2.8 在气体放电中压力与电子温度 T_e 和重粒子温度 T_h 的关系

2.3.2 直流辉光等离子体中的反应过程

如图 2.9 所示,当在两极板间施加一个足够的电压后,气体 Ar 被少量由电场加速的高能电子电离为电子和正离子(Ar^+). 正离子碰撞到阴极表面产生二次电子. 从阴极发射出的二次电子在等离子体中发生碰撞产生新的激发和电离过程. 粒子被激发后存在一个去激发(由激发态跃迁为基态)辐射释放光子的过程,即产生所谓的"辉光";而电离会产生新的离子和电子,使辉光放电得以自持. 此外,离子和快原子轰击阴极引发溅射，溅射对于许多应用是很重要的，如分析光谱化学、溅射沉积薄膜等.

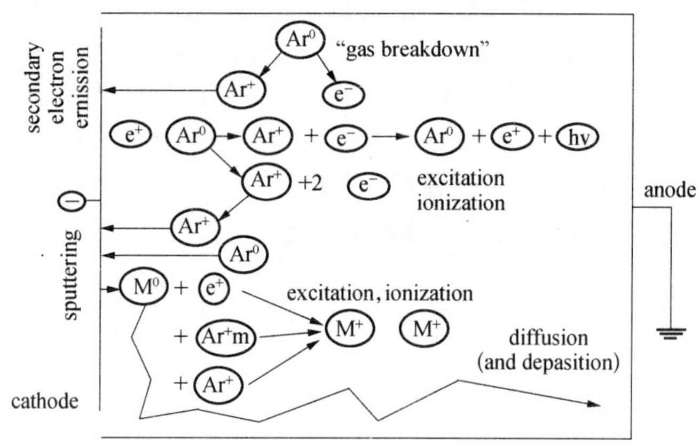

图 2.9 直流辉光 Ar 等离子体中反应过程[112]

2.3.3 辉光放电形成的等离子体空间状况和特性参数

直流辉光放电的典型条件是在放电管中配置两个对向金属电极且极间电场均匀，管内气压置于 1.33～1.33×10^4 Pa（相当于 0.01～100 Torr）之间的某个确定值，在电极上加上直流电压，当电源电压增加到气体的击穿电压 V_B时，放电电流迅速增长，在外电路电阻的限流作用下，即可产生辉光放电.

（1）放电特征

典型的直流低气压正常辉光放电形成的等离子体空间状况和特性参数的轴向分布示意图如图 2.10 所示[105,113,114]. 由图可见，沿阴极到阳极的方向可划分为八个明暗相间的区域，即阿斯顿暗区、阴极辉光区、阴极暗区、负辉光区、法拉第暗区、正柱区、阳极辉光区和阳极暗区.

表 2.4 给出了实验或工业等离子体加工中采用的代表性直流辉光放电的“特性”值.

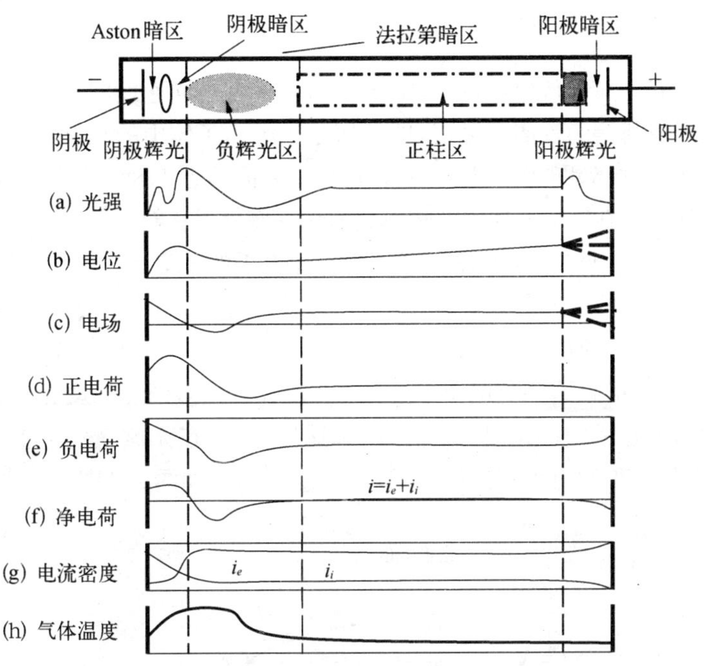

图 2.10　直流辉光放电等离子体空间状况示意图

表 2.4　辉光放电的特性参数[89]

参　　数	低　值	典型值	高　值
中性气体压力(Pa)	1.3×10^{-4}	66.7	1.5×10^{5}
电极电压(V)	100	1 000	50 000
电极电流(A)	10^{-4}	0.5	20
电子数密度(电子数/m^3)	10^{14}	5×10^{15}	6×10^{18}
电子动力学温度(eV)	1	2	5
功率(W)	10^{-2}	200	250 000
等离子体体积(L)	10^{-6}	0.1	100

2.3.4 等离子体鞘层

在直流辉光放电条件下，电子与离子具有不同速度的一个直接后果是形成所谓的等离子鞘层，即任何处于等离子体中的物体相对于等离子体来讲都呈现出负电位，并且在物体表面附近出现正电荷的积累.这导致浸没在等离子体中的物体表面无一例外地相对于等离子体本身处于负电位，即在其表面形成了一个排斥电子的等离子体鞘层，其厚度依赖于电子的密度和温度，其典型的数值大约为 100 μm，其中阴极鞘层由于外电场的叠加而加大，而阳极鞘层则由于它的叠加而减小[78,80,68]. 屏蔽这些负电荷形成的电场，需要在与德拜长度相当的区域内形成正的空间电荷层(正离子鞘层). 对于在无碰撞的近似条件下(离子的平均自由程>鞘层厚度)鞘层的形态如图 2. 11 所示[104].

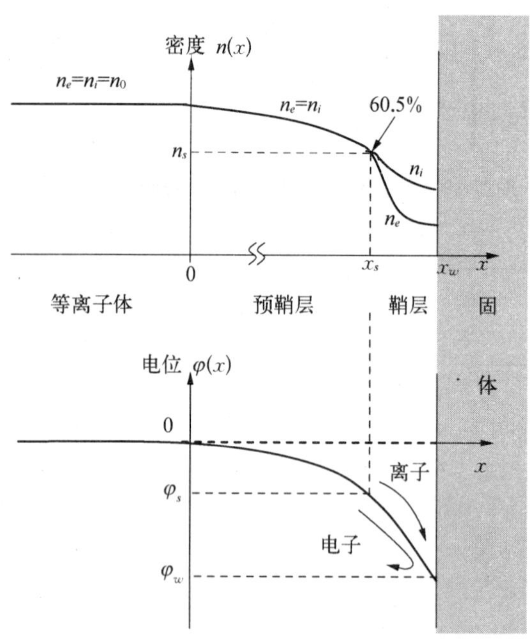

图 2. 11 等离子体和固体表面接触的交界处形成的预鞘层和鞘层

在与等离子体接触固体表面前会形成离子密度大于电子密度的鞘层区（$x_s < x < x_w$）. 由于等离子体中带电粒子要进行双极扩散运动，所以鞘层前（$x < x_s$）还存在一个加速离子的区域，这个区域称为预鞘层. 在假设预鞘层区处于满足电中性（$n_e \approx n_i$）条件的等离子体状态、电子温度服从麦克斯韦分布、离子温度 $T_i = 0$ 并且在鞘层和预鞘层中不发生碰撞，则离子被预鞘层两端的电位差 $\varphi_s(< 0)$ 所加速，到达鞘层边界层的速度为：

$$v_s = \sqrt{-2e\varphi_s/m_i} \tag{2.1}$$

电子遵从玻尔兹曼关系，在鞘层边界处的密度为：

$$n_s = n_0 \mathrm{e}^{e\varphi_s/kT_e} \tag{2.2}$$

鞘层内离子的密度为：

$$n_i = n_s \sqrt{\varphi_s/\varphi} \tag{2.3}$$

由玻尔兹曼关系可得鞘层内电子密度为：

$$n_e = n_s \mathrm{e}^{e(\varphi-\varphi_s)/kT_e} \tag{2.4}$$

为了使鞘层内形成正的空间电荷，必须有：

$$n_i - n_e = n_s\left(\sqrt{\frac{\varphi_s}{\varphi}} - \mathrm{e}^{e(\varphi-\varphi_s)/kT_e}\right) \geqslant 0 \tag{2.5}$$

在略大于 x_s处上式能成立的条件是$e\mid\varphi_s\mid \geqslant kT_e/2$，因此离子进入鞘层时入射速度应满足

$$v \geqslant \sqrt{kT_e/m_i} \tag{2.6}$$

上式是形成正离子鞘层的玻姆判据. $v_B = \sqrt{kT_e/m_i}$ 被称为玻姆速度[104].

等离子体与固体接触时形成的正离子鞘层边界处的电位至少比等离子体电位低 $kT_e/(2e)$. 若以 ε(= 2.718) 作为自然对数的底，则

鞘层边界处的密度 $n_s = n_0 \varepsilon^{-1/2} = 0.605 n_0$，即下降到等离子体区域的 60.5%. 鞘层边界处的离子密度等于玻姆速度 v_B，指向固体表面的离子通量为：

$$J_i = n_s v_B = 0.605 n_0 \sqrt{kT_e/m_i} \tag{2.7}$$

当与等离子体接触的固体物为绝缘物或是切断外部电路处于悬浮状态下的导体时，固体表面电位 φ_F 称为悬浮电位，其表达式为：

$$\varphi_F = -\frac{T_e}{2} - \frac{T_e}{2}\ln\left(\frac{m_i}{2\pi m_e}\right) \tag{2.8}$$

上式中，右边的第一项和第二项分别代表图 2.11 中的预鞘层两端和鞘层两端的电位差. 由于图 2.11 中假定等离子体区域的电位为零，所以 φ_F 为负值. 实际放电等离子体对地的电位为 φ_P，所以悬浮电位可以认为是 $|\varphi_F| = \varphi_P - \varphi_w$.

一般，当与等离子体接触的固体为绝缘物时，鞘层电压仅为 T_e[V]的数倍. 但是在等离子体工艺中有时会给固体（基板）外加很高的负偏压. 设等离子体与固体表面间的直流电位差为 u_0，则在等离子体和固体接触的交界处形成高电压鞘层，这时 $u_0 >> T_e$[V]. 这种情况下，电子运动至鞘层边界时会被反射回来，所以鞘层中没有电子，而鞘层中的离子会被加速后越过鞘层打在固体表面. 根据连续性和能量守恒，由泊松方程可得离子电流密度为：

$$J_0 = \frac{4}{9}\varepsilon_0 \left(\frac{2e}{m_i}\right)^{1/2} \frac{u_0^{3/2}}{d^2} \tag{2.9}$$

其中，d 为鞘层厚度.

根据上面给出的等离子体进入鞘层的离子通量，对应的电流密度为 $J_0 = 0.605 e n_0 v_B$，代入上式，则得到鞘层的厚度为：

$$d = 0.606 \lambda_D \left(\frac{2v_0}{T_e}\right)^{3/4} \tag{2.10}$$

其中，λ_D 为德拜长度，$\lambda_D[m] = 7.43 \times 10^3 \sqrt{\dfrac{T_e[\mathrm{eV}]}{n_0[\mathrm{m}^{-3}]}}$[104]；$T_e$用电子伏特(eV)表示. 上述计算是在近似认为鞘层中无碰撞(d<离子的平均自由程)的情况下才正确.

等离子体鞘层在等离子体工艺中起着很重要的作用. 它使在辉光放电下产生的浓度比较低的离子获得很高的加速能量，与固体表面发生强烈的轰击作用，强化了固体表面的物理、化学反应过程. 具体的轰击效应见表 2.5[102,115~117].

表 2.5　等离子体中离子与固体表面的作用

	过程结果	作用效应
离子轰击	化学吸附、反应、解吸、反射	强化新相的形核、核长大，增强沉积，提高薄膜致密度，影响薄膜形貌，提高刻蚀方向性
	表面迁移	影响薄膜结构、晶型、取向，提高沉积台阶覆盖性
	溅射	获得固体靶材粒子，影响薄膜成分、表面形貌，清洗表面，提高刻蚀方向性
	离子注入	增强膜基附着，注入改性、掺杂，产生缺陷
	动能传递	基体升温、成核
	二次电子	影响气相反应

2.4　小结

作为物质第四态的等离子体表现出独特的集体和个体粒子性质，不同于一般的中性气体，它的基本特点是系统主要由带电粒子支配，整体上表现为近似中性的导电流体；而内部粒子之间发生着相互作用，维持了等离子体空间的多种基元过程；这些基元过程产生的粒子与固体表面之间可以发生多种物理、化学过程，表现出很高的反应活性，体现出等离子体化学反应的特征. 高温的热等离子体在各种应用中主要作为热源，而低温的冷等离子体中的粒子表现出活泼的反应性，被应用于各种物理、化学反应中.

低温等离子体的激发有多种方式，利用直流电场产生的等离子体是最基本的且长期以来一直被使用. 本研究采用这种放电方式来激发氢气，产生等离子态的氢来还原金属氧化物. 系统分析直流辉光放电等离子体发生激发、离解和电离机制、等离子体空间状况和特性参数以及等离子体鞘层，对于合理解释等离子体氢还原金属氧化物的反应效果和作用机理具有理论指导意义.

第三章　实验装置及研究方法

3.1　实验装置

实验装置如图 3.1 所示，实验采用直流脉冲电场激发氢等离子体. 两块相互平行、保持一定间距的不锈钢圆板构成产生辉光氢等离子体的电极. 实验时将金属氧化物试样放置在下极板上，直流脉冲电源连接上下两极板.

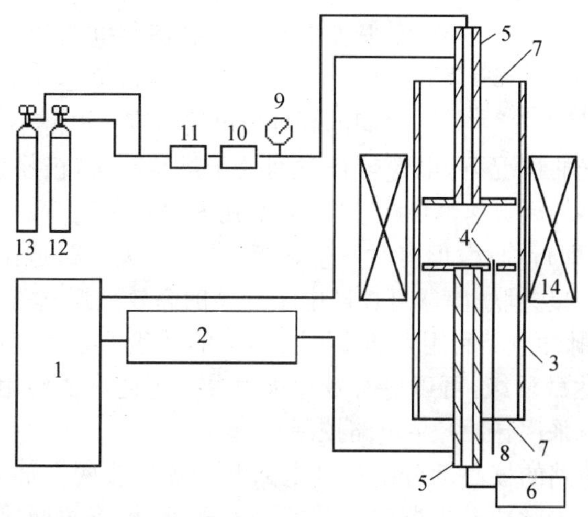

1—DC 电源　2—脉冲发生器　3—反应室　4—电极　5—电极支撑杆兼导气管　6—真空泵　7—密封塞　8—热电偶　9—压力表　10—真空计　11—流量计　12—H_2 气瓶　13—N_2 气瓶　14—辅助加热炉

图 3.1　实验装置示意图

3.1.1 实验控制电路与工作原理

利用直流辉光等离子体时，由于介质气体的压力大，且电源电压波动，极板温度高及极板表面状况不佳，可能引起辉光放电向弧光放电的转化.弧光放电的本质特征是电压突降至100 V以下，总电流略滞后于电压变化而大幅度增长或总电流变化不大只是集中到表面某一点上，电流密度增长十倍乃至数十倍[114].这样容易损坏电源并且影响辉光等离子体的稳定产生.所以放电电源应配有一个灵敏可靠、结构简单、对电路损耗小、灭弧速度高和弧光熄灭后又能迅速恢复正常直流供电的灭弧装置，如图3.2所示.常用的产生直流辉光等离子体的灭弧控制电路有LC振荡电路、晶闸管电路、电子开关电路和脉冲电路等.LC振荡电路的限流作用很弱，虽然灭弧时间短(可达10^{-4} s)，但瞬间的高峰值电流对直流电源不利，特别是在连续弧光的情况下，电源较长时间处于过载状态，极易损坏电源.可控硅电路的灭弧速度可达10^{-4} s，使弧光呈白色，在截止负反馈时弧光增加，即行熄灭，但有时产生转弧.电子开关电路是在主回路中串联一个直接并联-串联可控硅电子开关的高效灭弧电路，灭弧时间为10^{-5} s.脉冲电路利用大功率开关器中的现代半导体模块驱动，灭弧时间能达微秒级，可以更有效地灭弧[118].因此本实验用的直流辉光等离子体采用脉冲开关电路控制.

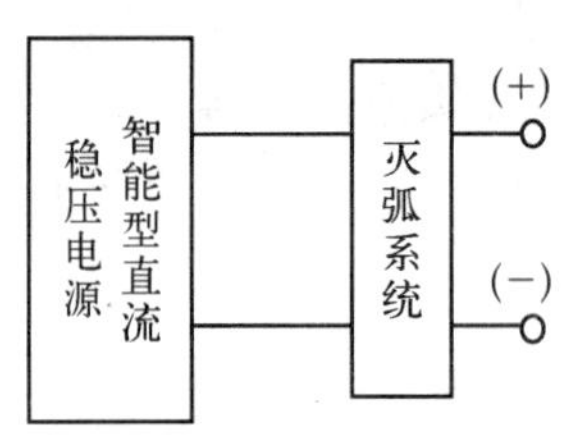

图3.2 直流辉光等离子电源示意图

脉冲电路的核心部分由控制电路和开关模块两大部分组成.控制电路又分为脉冲发生器和反馈信号处理器(检查主回路电流)，见图3.3.

脉冲发生器利用单片机80C196(CPU)事务处理(图3.3中的处理机)的高速输出(HSO)来产生脉冲，在通过逻辑控制芯片(PSD311)来控制电路产生弧光时的过流信号.过流信号经过OD和

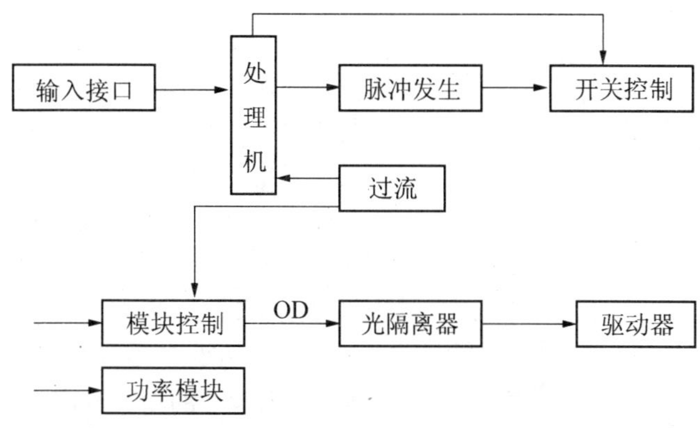

图 3.3　脉冲发生器示意图

光耦放大输出，用来驱动模块，使其在 5 μs 的时间内关断.

开关模块采用单向开关的第 3 代智能 IGBT 电源模块 IPM(绝缘栅双极晶体管)控制电路的开关. 将两块 1 200 V、75 A 的模块串联在电路中，可承受母线 1 600 V 电压、75 A 的电流通过. 对 IGBT 模块的控制有两个难点：一是 IGBT 模块的串联均压问题；二是 IGBT 器件的工作电压及均衡情况进行实时监控的问题. 因此在实际应用电路中添加了 IGBT 模块的保护电路. 如图 3.4 所示，在电路中加入了限流电阻和一个电容器[2].

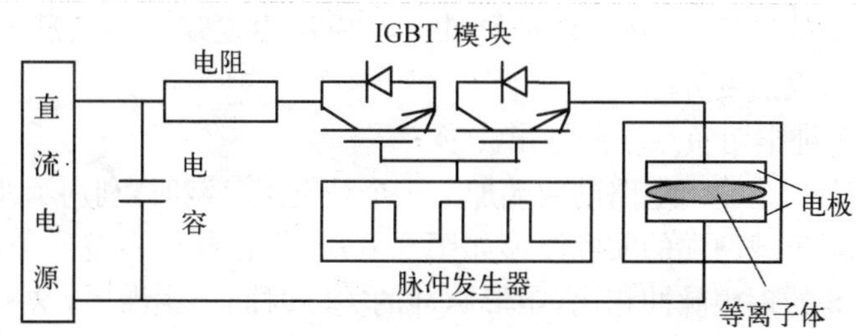

图 3.4　直流脉冲辉光等离子体装置示意图

理想直流矩形脉冲电压波形如图 3.5 所示，对脉冲放电能量的调节有三种制式：

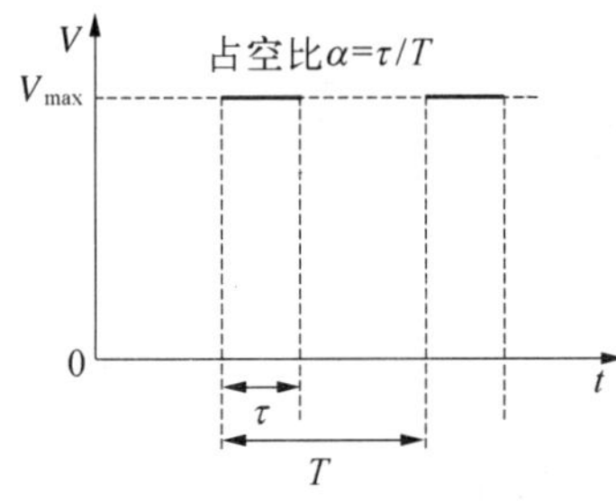

图 3.5 理想直流矩形脉冲电压波形

一种是定频(频率,即脉冲周期)调宽(脉冲宽度),实际为调节导通比 α(或叫占空比 $\alpha=\tau/T$),α 可在 5%~95%范围内变化,一般为 20%~80%. α 的调节可以和其他放电物理参数如电压、气压等的调节分开.

另一种为定宽调频,提高脉冲频率,则脉冲的功率升高.

第三种为调宽和调频同时进行.

3.1.2 控制电路灭弧功能的实验分析

(1) 脉冲电路的理想波形

在理论上,利用矩形脉冲电路灭弧的理想波形如图 3.5 所示. 这种脉冲电路利用了大功率开关器中的现代半导体模块驱动,在适当的占空比条件下,当局部弧光还没产生时控制电路就能及时地关断,灭弧时间能达微秒级,可以有效地灭弧. 由于灭弧时间短,可以适当提高两极间的直流电压,有利于提高等离子体体系中中性粒子的离解和电离,增大活泼粒子的浓度,从而促进等离子体和处理试样之间化学反应的进行. 但在实际的脉冲电路应用中发现加在负载上的波形出现很大的变异.

(2) 纯电阻负载下的输出波形

在图 3.2 输出电路的两端加上一个纯电阻负载时,利用示波器测得的电阻负载两端的实际波形如图 3.6 所示. 在同样占空比条件下,与图 3.5 的理想脉冲相比,矩形脉冲的关断时间产生滞后,这种关断的滞后是由于大功率开关器电路采用的半导体管本身的特性所决定的,这种关断的滞后性延长了一定占空比下的电路接通时间,这样在较长的时间内就很可能出现弧光. 我们希望这种滞后的时间越短越好,这样才能及时地关断电路,使弧光还没来得及产生,电路已经关断.要完全消除这种现象,只能采用更高性能的半导体管.因此在目前实验条件下,采用的矩形脉冲控制电路是不能完全消除这种关断滞后现象.

(3) 容性负载下的输出波形

在利用等离子态的氢还原金属氧化物实验研究中产生辉光等离子体的实际装置如图 3.4 所示.其中产生等离子体的两个平行金属电极和存在于极板间的等离子态的气体介质构成了容性负载.利用示波器测得金属电极两端的实际波形如图 3.7 所示,这个容性负载下的实测波形与理想的直流脉冲矩形波(如图 3.5)以及电阻负载下的直流矩形脉冲电压的实际波形(如图 3.6)相比,产生很大的变异.由电容充放电的理论知道,电容两端的电压是不能瞬间突变的.波形变异的原因正是由于容性负载(由两个极板和其中的等离子气体构成)在脉冲关断时间内(如图 3.7 中的 t_1 到 t_3)不能完成完全放电过程所致,只能在很短的关断时间内放掉很少的一部分电量,即等离子体场的两个极板间的电压略有减小.这样,在特定的极间距和占空比下,等离子场两端始终存在一个较稳定的直流电压 V_{DC} 和一个较小的脉动电压($V_{max}-V_{DC}$)(见图 3.7).如果某瞬间电极某个部位产生弧光的电压小于这个直流电压,那么这时产生的弧光就不会熄灭,此时电路间

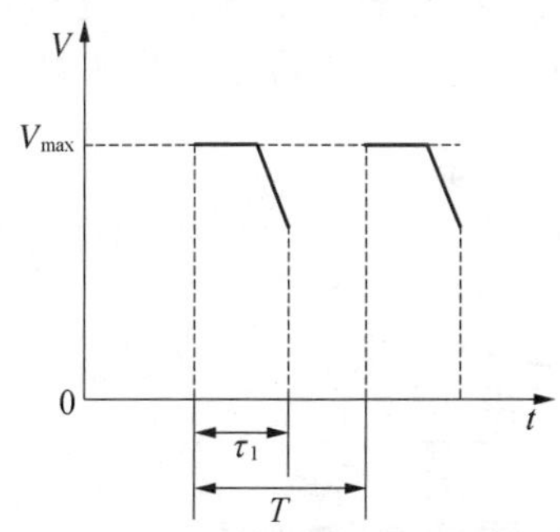

图 3.6 电阻负载下直流矩形脉冲电压实际波形

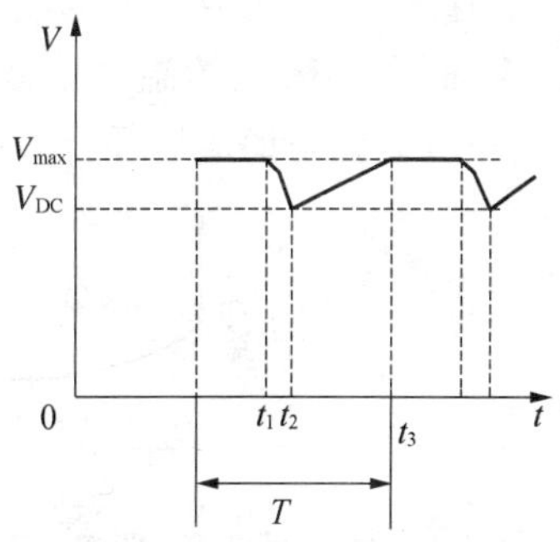

图 3.7 容性负载下直流矩形脉冲电压的实际波形

的电流变得很大，形成连续弧光，电源较长时间处于过载状态，极易损坏电源，破坏辉光等离子体的稳定性．这时的脉冲控制电路实际上起不到灭弧的作用．

如果起弧电压大于V_{DC}，这时的电路能否起到灭弧作用还取决于图3.7中$t_1 \sim t_2$、$t_2 \sim t_3$时间间隔的大小．实验中发现，当脉冲关断时间小于20％T（即占空比大于80％T）时，很容易出现打弧现象．

一般来说起弧电压大于维持弧光电压，在输出实际电压波形的情况下（如图3.7），如果维持弧光电压小于V_{DC}，一旦起弧，就会形成连续弧光．只有在维持弧光的电压大于V_{DC}，并且在很短$t_1 \sim t_2$、$t_2 \sim t_3$时间间隔内形成的弧光再次熄灭，这时的电路才会起到灭弧作用．

（4）影响灭弧的其他因素

除了上面分析的与控制电路有关的起弧原因外，引起起弧的其他因素主要是电极特别是阴极的表面状况．当极板表面不洁、有尖锐的突起时，阴极局部很容易产生热电子．但一般打弧的部位主要限于容易存在缺陷的电极边缘，在电极的中心部位一般引起打弧机会较小，其原因可能与阴极上的电场梯度分布和温度梯度分布有很大的关系[119]．

由图3.8可知，从阴极中心到边缘，沿径向方向电场强度和温度逐渐升高．边缘区域电子的能量和温度较高，比较容易产生热电子而打弧，而中心区域的温度偏低，不易起弧．而且边缘容易产生不规则的突起，更容易形成局部打弧现象．

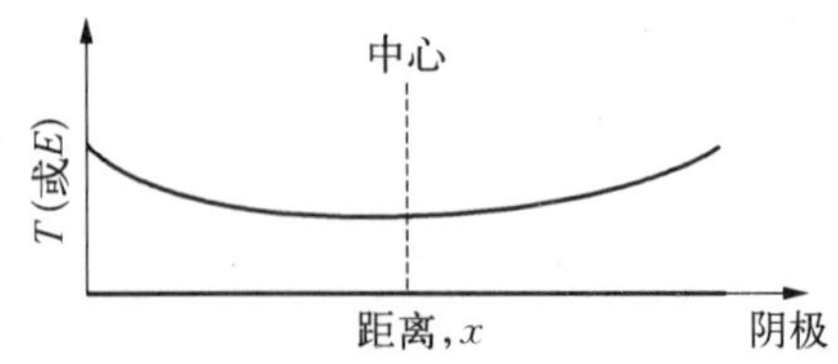

图3.8　阴极上沿径向温度(电场)分布示意图

阴极温度也是维持等离子体稳定的重要因素[60]．随着气压的增大，等离子体的温度会很快升高，阴极温度也会升高，这样很容易出现打弧现象.

另外,在实验过程中发现,当电极特别是阴极接触周围的反应器壁时也很容易出现打弧现象. 通过固定阴极的位置,使其不和器壁接触,能较好地抑制起弧.

综合上述分析可知,直流矩形脉冲灭弧电路加在不同负载上的矩形脉冲波形存在很大的差异,在利用等离子态的氢还原金属氧化物的研究中,采用直流脉冲电路达不到理想的矩形脉冲电路以及灭弧效果,影响了在等离子体场两端使用高电压、高气压以进一步提高其中活性粒子浓度的应用. 尤其是较高压力下的等离子体,随着气压的增大,阴极的温度会很快升高,容易出现弧光. 而要维持比较稳定的等离子体,必须采用较小的脉冲占空比(一般要小于 70%),还需要考虑阴极的表面状况等因素.

3.1.3 辅助加热炉体的恒温段测试

对装置的辅助加热炉加热效果进行了测定,发现辅助加热炉的恒温段在距离底部 11～16 cm 部分. 因此,在实验过程中反应试样应放置在这个位置.

3.2 实验氧化物的选择和试样制备

为了全面了解等离子体氢强化金属氧化物还原的效果和规律,本研究选择了 CuO、Fe_2O_3和 TiO_2进行了还原实验,它们的金属和氧(Me－O)之间的结合能分别为 269、390、672 eV,分别代表了容易还原、较难还原和很难还原的三类金属氧化物.

用汽油稀释后 3%的液体石蜡与化学纯金属氧化物粉(CuO、Fe_2O_3和 TiO_2)充分混合,混合料在直径为 12 mm 的模具中加压成型,成型压力为 8 MPa. 成型后的饼状试样经 200℃烘烤后在空气气氛下高温烧结 1 小时,CuO 试样的烧结温度为 900℃,Fe_2O_3和 TiO_2的烧结温度均为1 050℃. 最后得到饼状金属氧化物试样直径为

11 mm,高度为 2 mm.

3.3 实验过程

实验中将试样放入石英反应室内的下极板上,将反应室密封并抽真空,当反应室内压力降至小于 50 Pa 后充入 H_2. 待反应器内压力稳定达到设定值后,调整直流电压,启动脉冲发生器起辉,并开始计算反应时间,同时用热电偶在线测量体系温度. 反应到一定时间后关闭脉冲发生器和直流电源,向反应室内充入 N_2,直至试样冷却,然后取出试样进行测试.

在利用分子氢还原金属氧化物做对比实验的过程中,通过辅助加热炉来保持反应温度. 利用等离子体氢进行还原时,没有利用辅助加热炉进行加热,只利用等离子体产生的热量来维持还原体系的反应温度. 实验中除非特别说明,金属氧化物试样均放置于阴极板上,即下极板与电源的负极联通,上极板为阳极,接电源的正极.

3.4 试样检测方法

(1) 利用阳极转靶 X 射线衍射仪(XRD, $Cu-K_{\alpha}$)定性地检测实验试样表面所含的物相;

(2) 利用矿相显微镜判断试样截面的分层情况,并确定还原层的厚度;

(3) 用电子探针对试样截面进行了线扫描,分析还原得到的金属元素沿扫描线的分布情况;

(4) 用扫描电镜(SEM)观察试样的表面形貌,主要分析还原层的颗粒形状、大小、紧密程度,判断对还原过程中的扩散环节是否有利;

(5) 利用激光粒度仪测试了化学纯试剂的粒度分布.

第四章　氧化铁的等离子体氢还原

利用直流脉冲辉光等离子体氢对 Fe_2O_3 的还原进行了实验研究，系统地考察了冷等离子体氢对还原的强化作用以及各种参数变化对还原效果的影响.

实验中采用前面介绍的试样制备方法，制得的化学纯 Fe_2O_3 粉末压制烧结成的饼状试样直径为 11 mm，厚度为 2 mm. 除非特别说明，实验过程中的极间距为 10 mm，脉冲占空比为 37.5%，脉冲频率为 1 250 Hz，金属氧化物试样放置在下极板上，下极板连接电源的负极，即金属氧化物为负极.

4.1　还原层厚度及表面形貌变化的观察

在输入功率为 100 W、体系压力为 1 500 Pa、反应温度 490℃条件下，经过不同反应时间得到的还原试样经镶嵌、磨平、抛光后，在金相显微镜下观察试样厚度截面典型的光镜照片如图 4.1 所示，其他反应时间的试样照片和图 4.1 类似.

为了比较分子氢气与等离子体氢的还原效果，在 1 500 Pa 压力和 490℃温度下分别进行了氢气下施加电场产生等离子体和不加电场的对比实验. 等离子体氢还原时间为 10 min，分子氢的还原时间为 50 min. 对原始和不同气氛下的还原试样的 X 射线衍射测定结果见图 4.2. 结果表明，直接用分子态氢还原 Fe_2O_3，试样表面没有任何变化，与还原前的原始试样相同，仍然为 Fe_2O_3（见图 4.2 中的线 b）. 利用等离子态的氢还原 Fe_2O_3 后，X -射线衍射图证实试样表层几乎全部为纯 Fe 相，仅有极少量的 Fe_3O_4 相，见图 4.2 中的线 c. 少数强度很

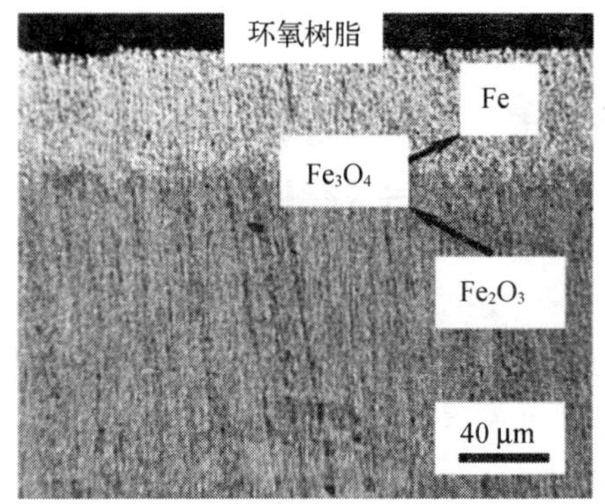

图 4.1　等离子体氢还原 Fe_2O_3 截面的金相照片(40 min)

小的衍射峰没有找到对应的物相. 这说明在本实验条件下分子氢不能还原 Fe_2O_3,试样表面的还原金属 Fe 亮层是非分子态的等离子体氢还原作用的结果.

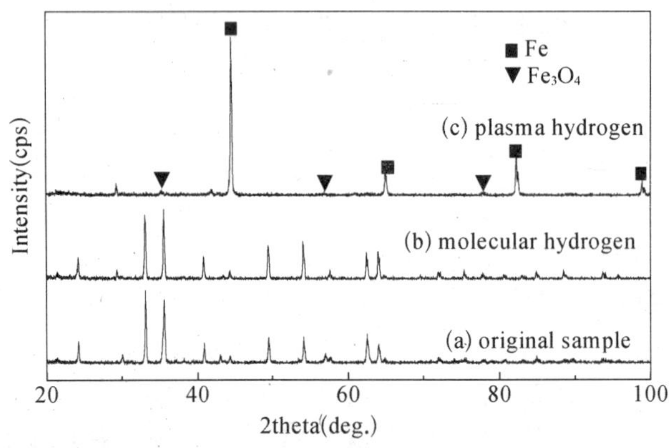

图 4.2　不同 Fe_2O_3 试样的 X 射线衍射图

在同样条件下,利用 N_2 等离子体对 Fe_2O_3 试样进行加热,表面及内部没有任何颜色变化. 用 X-射线衍射分析暴露于 N_2 等离子体的试样表明: 没有任何低价铁氧化物或还原产物峰值的存在,如图 4.3 所示，图中所有的衍射峰都对应 Fe_2O_3 相. 因此，Fe_2O_3 试样表面的还原不是由于加热引起的，而是等离子体氢还原作用的结果.

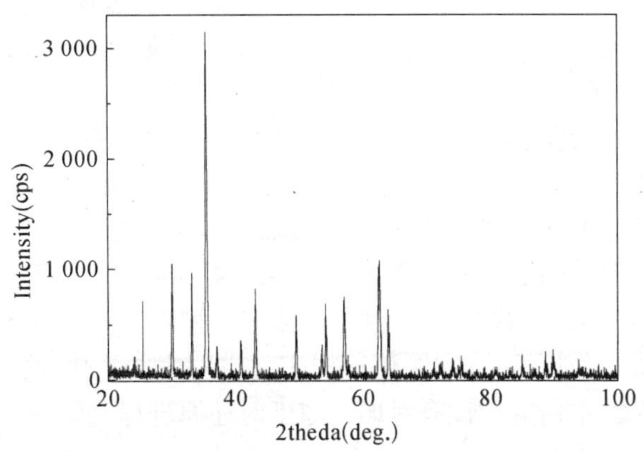

图 4.3　经过 N_2 等离子体处理的 Fe_2O_3 试样的 X 射线衍射图

图 4.4 为经等离子体氢还原后的 Fe_2O_3 试样的截面电子探针的线扫描结果，我们发现沿着扫描线 Fe 元素的含量从外向内逐渐增大. 由 X 衍射分析知道，试样表面亮层为金属 Fe 相. 基体为 Fe_2O_3，两层之间的还原前沿暗层应为 Fe_3O_4. 利用低温等离子体氢还原 Fe_2O_3 符合逐级还原规律：$Fe_2O_3 \rightarrow Fe_3O_4 \rightarrow Fe$.

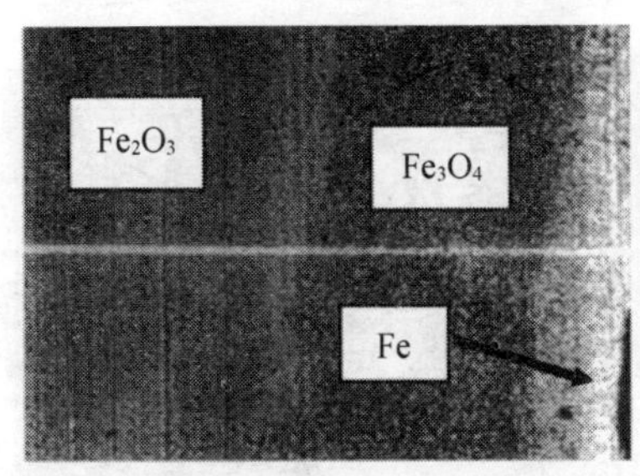

(a) 形貌像及扫描线的位置

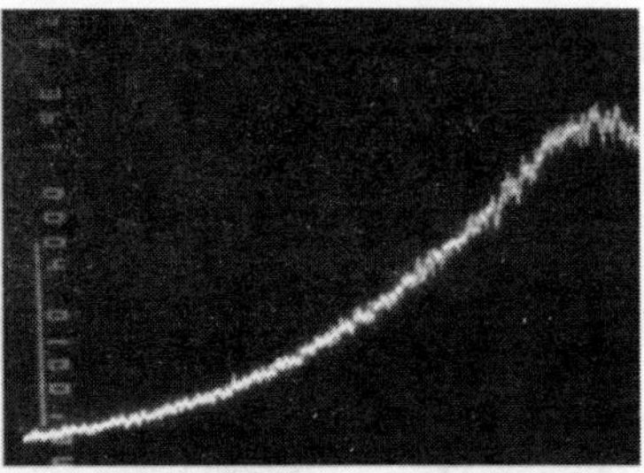

(b) Fe元素在扫描线上的分布

图 4.4　等离子体氢还原 Fe_2O_3 试样的 EPMA 照片

对 Fe_2O_3 原始试样、等离子体氢还原 10 min、50 min 和分子氢还原 50 min 后的试样表面形貌分别进行了 SEM 观察，照片示于图4.5. 由图 4.5 可以看出，原始试样表面是比较紧密的球形颗粒. 这些球形颗粒的大小与利用激光粒度仪测得的未烧结原始粉剂的颗粒大小(见图 4.6)都在几百个纳米的数量级上，二者没有明显的变化. 利用普通的分子氢还原后的试样与原始试样的表面形貌区别不大. 等离子体氢还原后的试样表面颗粒变得细小，明显可看出颗粒被轰击的痕迹，原来颗粒间清晰的界面变得模糊，且表面空隙度有所增大. 随着还原时间的增长，试样表面的颗粒变得更加细小，由于氢离子长时间的轰击使得表面颗粒开始融为一体，这种现象应该是活性的氢粒子碰撞、轰击作用所造成的. 但试样表面空隙度并不代表整个试样的平均空隙度，本研究中没有考虑空隙度对还原进程的影响.

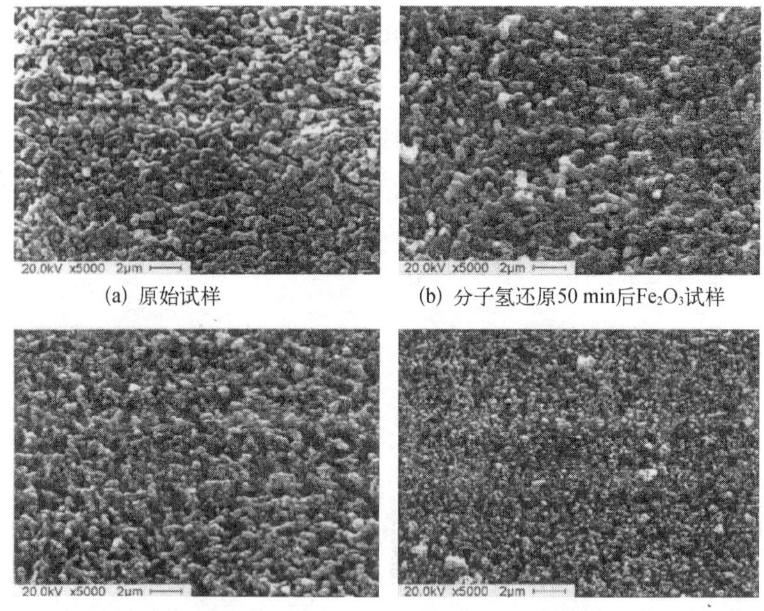

(a) 原始试样　(b) 分子氢还原50 min后 Fe_2O_3 试样

(c) 等离子体氢还原10 min后 Fe_2O_3 试样　(d) 等离子体氢还原50 min后 Fe_2O_3 试样

图 4.5　不同 Fe_2O_3 试样的 SEM 照片

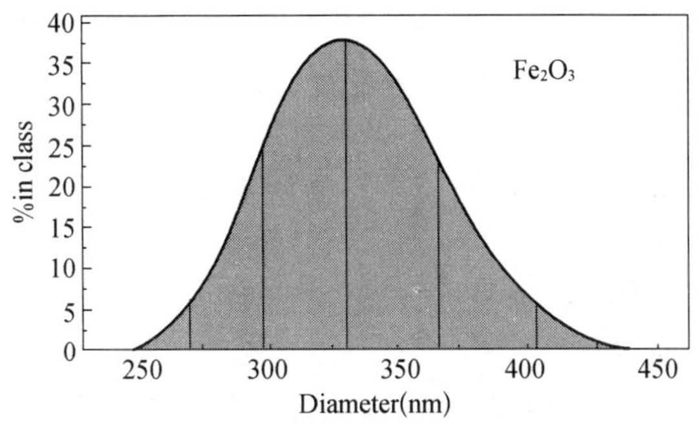

图 4.6　纯 Fe_2O_3 粉的粒度分布

把 Fe_2O_3 试样直接放置于阴极上时其还原层厚度随时间的变化如图 4.7 所示. 整个还原反应可以分为三个阶段. 在开始阶段(图中Ⅰ区),还原层厚度随时间的变化很小. 随着还原过程进行到图 4.7 中的Ⅱ区时,还原厚度的增加出现一个明显的加速阶段. 当还原过程的进一步进行时,还原层厚度的变化又开始变慢,反应进行到图 4.7 中的Ⅲ区.

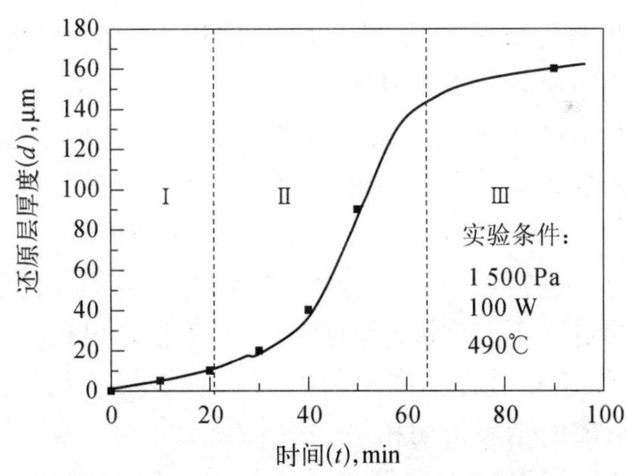

图 4.7　试样直接置于阴极上时还原层厚度的变化

普通的颗粒状固相氧化物被气体还原剂还原过程中经常出现类似图 4.7 曲线所示的所谓“自动催化”现象[120]. 被多数人所接受的解

释是：在反应的初始阶段(Ⅰ区)，由于反应要在原始物料的基础上形成新相，即气体分子只有在基体表面上具有较高表面能的活化中心位置才能发生化学反应并形成新相晶核，而要形成新相晶核是很困难的. 一旦形成了新相晶核，反应产物新相晶核的长大就变得比较容易. 随着晶核的长大，新相界面扩大，就形成了反应加速进行的Ⅱ区. 当新旧相反应前沿汇合面重叠后，反应界面面积缩小，反应速率降低，过程进入Ⅲ区.

本研究采用的是由颗粒状氧化物压制成型并经烧结的饼状试样，经 SEM 观察，还原前的试样相当致密，不具有分散颗粒的特征，并且本研究中试样的反应界面大小是不变的. 在这种情况下还原过程为何会出现类似自动催化的现象呢？结合等离子体氢的还原和直流辉光等离子体的物化特性，推测这个加速过程可能是由于较多的具有更高能量的离子氢参加了还原反应过程引起的.

在本实验所用的冷等离子体氢中，存在的主要粒子有分子态 H_2(包括基态 H_2 和激发态 H_2^*)、原子态 H(包括基态 H 和激发态 H^*)、H^+、H_2^+、H_3^+ 和电子 e. 其中可直接参加金属氧化物还原反应过程的粒子有分子态 H_2、原子态 H、H^+、H_2^+ 和 H_3^+. 由热力学计算[10]知道，这些氢粒子的还原能力大小顺序为：$H^+ > H_2^+ > H_3^+ > H > H_2$. 这个还原能力大小顺序表明了离子氢的还原能力比原子氢大. 进一步对离子氢还原金属氧化物反应的平衡常数计算可知，这些反应的平衡常数在 $10^{53} \sim 10^{212}$ 范围内，即在标准状态下，利用离子氢还原金属氧化物反应向右进行的驱动力很大. 如果在更多的高能量离子氢参与还原过程的情况下，还原层厚度的变化可能会出现一个明显的加速过程. 而参加还原过程的离子氢的数量和能量变化与试样表面在等离子体中形成的鞘层密切相关.

等离子体鞘层形成于和等离子体接触的所有固体表面. 鞘层的形成是等离子体中自由电子和其他的离子运动性不同的结果[80]. 在等离子体中，由于自由电子具有较大的荷质比，因此具有较高的运动速度；而离子物种具有较小的荷质比，所以具有较小的运动速度. 结果,自由电子比离子和中性物种更频繁地到达金属氧化物试样表面.最终,试样将由于积累电子而呈现负电势,这个负电势将排斥向试样表面运动的后续电子,同时吸引正离子,直到试样表面的负电势达到某个确定的值使离子流和电子流相等为止.这样,在试样表面形成一层离子浓度大于电子浓度的离子鞘层.鞘层具有一定的压降,典型的压降一般在 1～100 V[51].穿过离子鞘层的电子由于库仑斥力而被减速,只有具有最大初始能量的电子才能穿过德拜鞘层到达试样表面;同时穿过离子鞘层的带正电的氢离子会被加速而碰撞到或轰击试样表面.

实验所用的直流辉光放电两极板间的电位分布特点如图 4.8 所示[104].放电的两个极板表面会形成鞘层,两极板间的压降主要集中在阴极鞘层内,鞘层中的电场都是阻止电子趋向电极的,而对正离子具有明显的吸引加速作用,特别在阴极鞘层中,正离子被显著加速轰击阴极.

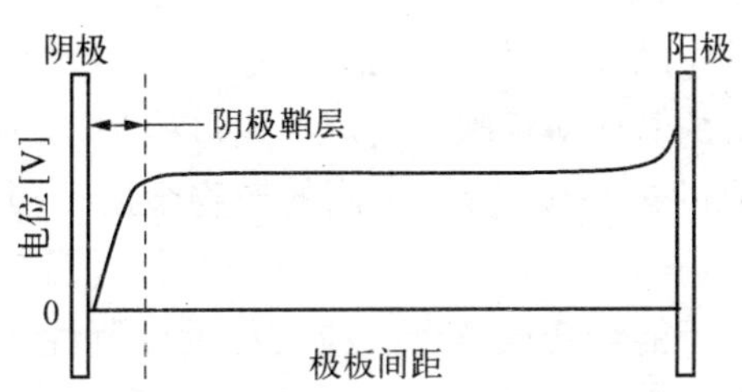

图 4.8　直流辉光放电轴向电位分布

为了探索阴极鞘层在等离子体氢还原氧化物过程中的作用,在实验研究中将原始 Fe_2O_3 试样直接置于阴极极板上.如图 4.9(a)所示,在还原反应的开始阶段,由于 Fe_2O_3 试样表面是一个绝缘体,试样表面和阴极不是等电位的.施加电场后,气体离解产生的氢正离子流主要指向阴极极板,只有电中性的原子氢和少量的正离子到达试样表面参加反应.反应的速率与参加反应的还原剂浓度成正比.这一阶段宏观速率就表现为图 4.7 的Ⅰ区.

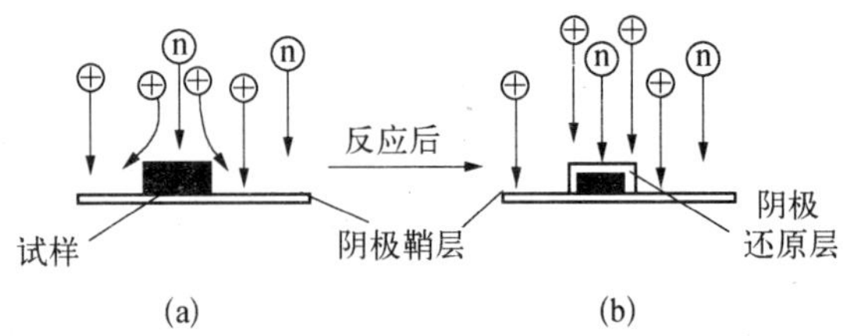

图 4.9　直流辉光放电中等离子体氢粒子的运动示意图
(hydrogen ion: ⊕, hydrogen atom: ⓝ)

如图 4.9(b)所示，随着试样表面被还原为金属 Fe 导电层，试样表面和阴极导通，试样表面成为底部阴极的一部分，这样试样金属表面和阳极就构成了一个局部电场. 试样表面电场会吸引更多的氢离子指向试样表面，使到达试样的还原剂浓度显著增加并轰击试样表面. 与原来绝缘试样相比，试样表面的电势会变得更低，即试样表面的离子鞘层的压降会大大增加. 离子氢通过鞘层时得到鞘电压加速而具有更高的能量以轰击试样. 这样由于还原氢粒子浓度和能量的增加导致还原反应的加速进行，进而加快了反应层厚度的变化. 这种变化就是图 4.7 的Ⅱ区所反映的还原加速过程.

但随着还原的进一步进行，表面的产物金属 Fe 层加厚，由于在低温还原时形成的金属颗粒较小，金属产物层比较致密，氢粒子穿过产物层的扩散就可能会变成整个反应过程的限制性环节，因此，还原反应速度会逐渐变慢. 产物层厚度与时间的关系就变成图 4.7 中Ⅲ区所示的规律.

为了证明还原的加速的确是由于试样表面鞘层的变化引起的，实验中在试样和阴极之间加了一个很薄的绝缘垫片，这样即使试样表面被还原为导电的金属 Fe 层，试样也不会由于和下面的阴极导通发生电位的变化，从而防止试样表面随反应的进行形成阴极鞘层. 当 Fe_2O_3 试样和阴极之间放置一个很薄、很小的绝缘片时，还原层厚度随时间的变化如图 4.10 所示. 在这种情况下，整个实验阶段氢离子流向试样的浓度似乎是恒定的，因此还原层厚度的变化没有出现加速的阶段.实验结果证实了还原层厚度变化的加速确实是由于离子鞘层的变化引起的.还原层厚度变化随时间的变化呈线性关系,也间接说明了在实验中到达试样表面的氢粒子流数量是恒定的.

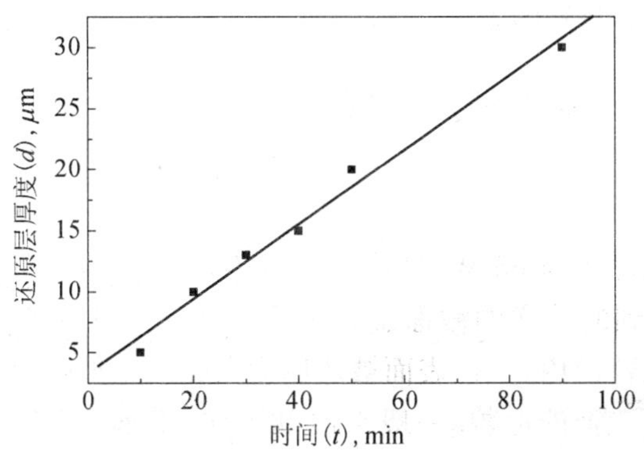

图 4.10　试样置于绝缘片上时还原层厚度的变化

图 4.11 中的两组实验结果的趋向变化对比可以看出,在还原的开始阶段,试样表面的鞘层压降基本相同,所以还原层的厚度基本没有差别.但随着试样表面全部变为一个导电的金属层,由于到达试样表面的氢离子流浓度和能量发生变化,还原速度就出现了明显的差别.

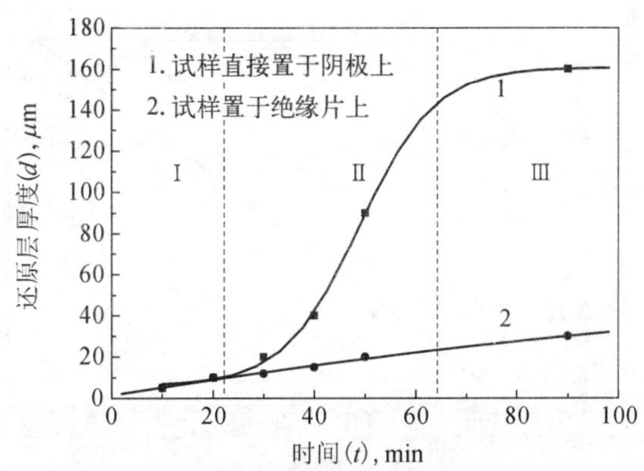

图 4.11　试样在不同放置形式下还原层厚度变化

以上分析说明，在利用冷等离子体氢还原金属氧化物时，中性的原子氢和带电离子氢可能都参与了还原过程，都具有参加还原反应的有效寿命，试样表面离子鞘层的存在对等离子态氢还原金属氧化物的过程具有重要的影响.

4.2 实验条件对还原的影响

4.2.1 温度变化

在输入功率为 65 W、气体压力为 900 Pa 下，不同温度下还原 60 min后得到的试样的截面金相图像也和图 4.1 类似. 可以发现，在实验温度范围内，试样表面被还原为白亮的金属 Fe 层. 在不同的温度下具有相似的形貌. 一般来说，形成的还原金属层和基体的氧化物 Fe_2O_3之间具有明显的分层界限. 还原层厚度随温度变化情况如图4.12所示. 当还原温度由 400℃增大到 530℃时，还原层的厚度由2.0 μm增至 3.0 μm 左右，在此实验温度范围内，试样还原层厚度随温度的变化呈线性关系. 由此可知，与传统的利用分子氢还原过程中反应界面上产物 H_2O 的脱附及 Fe_2O_3的还原化学反应与温度有很大关系不同，而利用等离子体氢进行还原时，还原的进程在实

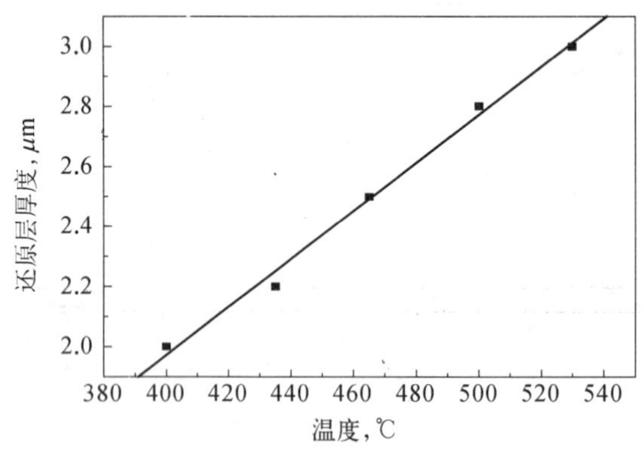

图 4.12 还原层厚度随温度的变化

验温度范围内受温度的影响不大. 这从一个侧面反映了活泼等离子体氢还原 Fe_2O_3 反应的活化能很小，反应的速率常数受温度的影响不大.

4.2.2 气体压力

保持等离子体的放电电压 500 V 和还原作用时间 40 min 不变，改变放电气体压力，还原层厚度随压力变化如图 4.13 所示. 随着体系气体压力的增加，还原层厚度呈增加的趋势. 在 1 000 Pa 以下，还原层很薄，压力由 500 Pa 增大到 800 Pa，试样还原层的厚度几乎没有大的变化；而当气压由 800 Pa 增大到 1 100 Pa 时，还原层的厚度增大很多，以后增大的趋势又变小. 这可能是因为随着气压的升高，总电流在增加，这从另一方面意味着反应体系的电离度增大，即活性氢粒子的浓度增大. 当气压很低时，其中原子氢的浓度较大，而离子氢的浓度较小，在反应的 40 min 内，加速阶段不明显，因此厚度变化很小. 虽然保持放电电压不变而增大反应气压时，反应温度会相应的增大（从 310℃增大到 520℃），但由前面温度对还原进程的影响分析知道，还原层的增厚可能受温度的影响不大，它主要是由于其中活性氢粒子浓度的变化引起的.

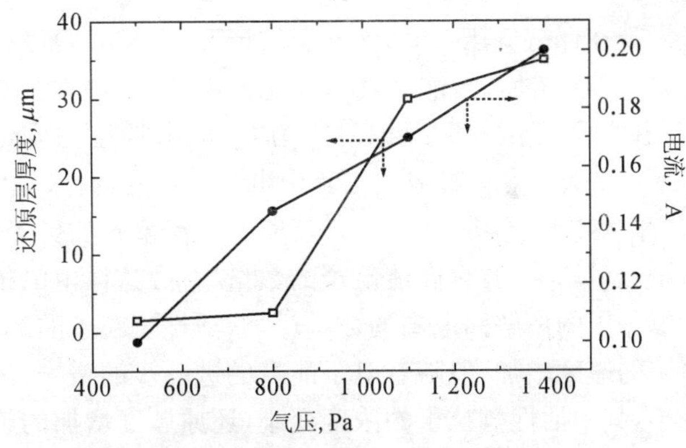

图 4.13 还原层厚度随气体压力的变化

在等离子体系中活性氢粒子的有效离子化截面与碰撞电子的能量有关,它们的关系示于图 4.14. 在一定的放电电压下,当气压增大到一定数值后,其中电子的自由程会随着气体分子的密度增大而减小,与分子氢的碰撞更加频繁,电子能量降低,中性氢粒子的碰撞截面减小,活性氢粒子的数量也会随之减少,还原层厚度的增加开始变慢.

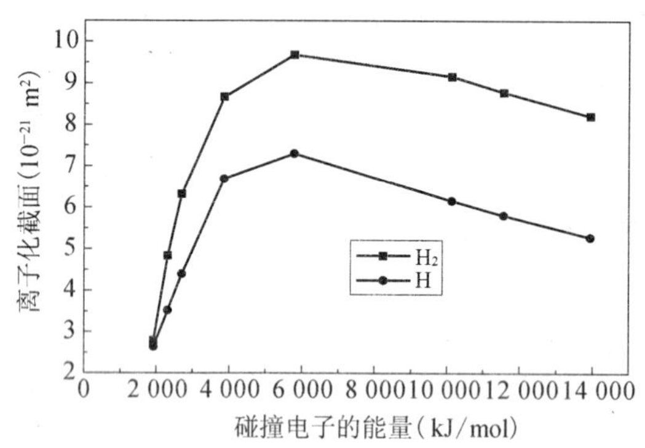

图 4.14 离子化截面随碰撞电子能量的变化[121]

4.2.3 电压(输入功率)变化

实验发现在保持气压 900 Pa 不变的情况下,增大两极板的放电电压,还原层厚度增加,与前面气压变化的影响呈相同的变化趋势,见图 4.15. 图中所有试样的还原时间为 40 min,温度的变化范围为 400℃到 488℃. 这一变化趋势也与其中电子能量的变化(见图 4.14)密切相关. 增大电压,实际上就是向等离子体体系施加更多的能量,其中的电子能量增大,并且高能电子的数量增加. 这样由电子有效碰撞引起的氢分子的离解和电离的数量增加,活性氢粒子的数目增加,因此还原层的厚度增加. 但随着电子能量的进一步的增大,离子化截面又会变小,其中活性氢粒子的浓度变小,还原厚度增加的趋势也相应地减小.

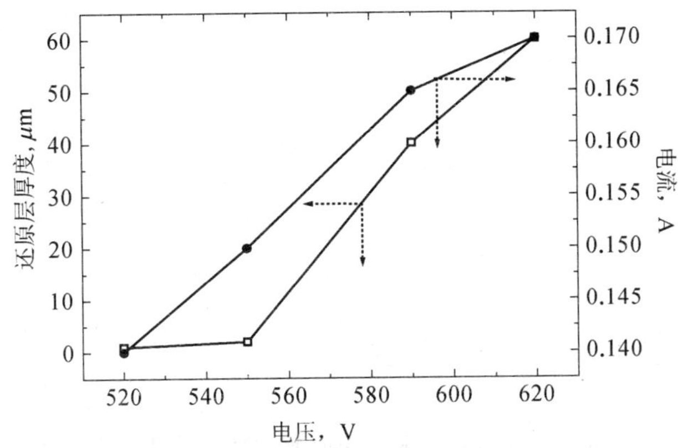

图 4.15 还原层厚度随放电电压的变化

4.2.4 脉冲占空比

在放电电压为 520 V、气压为 900 Pa 和还原时间为 60 min 的条件下，改变脉冲占空比对还原层厚度的影响如图 4.16 所示，这时的温度变化范围为 374℃到 460℃. 随着脉冲占空比的增加，还原层厚度呈增大趋势. 改变脉冲占空比实际上是改变了单位时间内向等离子体系所施加的能量，从而改变其中活性氢粒子的能量和密度. 从前一章

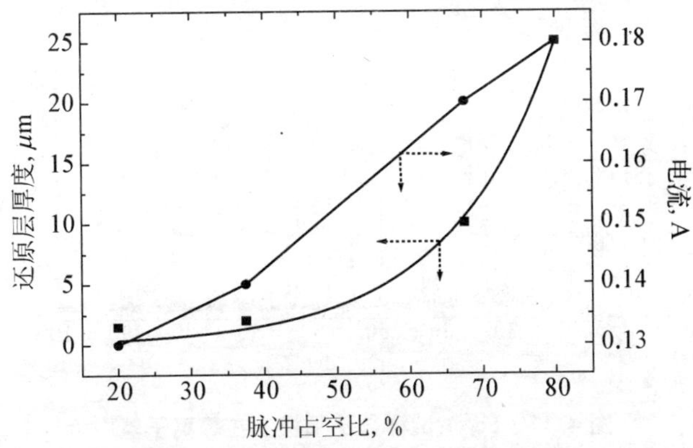

图 4.16 还原层厚度随脉冲占空比的变化

的图3.3中可以发现，随着脉冲占空比的增大，施加在两极板上电压的有效时间变长，单位时间内向等离子体体系施加的能量增大，则氢粒子的能量和密度都增大. 因此在相同的还原时间内，还原层厚度增大. 脉冲占空比的设置主要是为了满足直流放电条件下灭弧、保护直流电源、保持稳定辉光放电的要求. 在满足这些要求的情况下，可以适当地采用较大的脉冲占空比.

4.3 试样作为阳极的实验

在放电电压为600 V、气压1 600 Pa的条件下，把放置试样的下极板与电源的正极相连，即试样处于阳极位置. 还原60 min后的试样利用X射线衍射进行测试的结果见图4.17. 所有衍射峰均为Fe_2O_3，在金相显微镜也没有观察到类似图4.1的金属Fe亮层. 说明试样处于阳极位置时不能被还原，或者还原进行的速率极小. 这与直流辉光放电的激发、离解和电离过程主要发生在阴极表面附近的特性有关. 在直流放电的两个极板之间，阳极上金属氧化物试样附近的活性氢粒子很少，因此只有把试样放置在阴极上才能有效地利用等离子体氢进行还原，如图4.18.

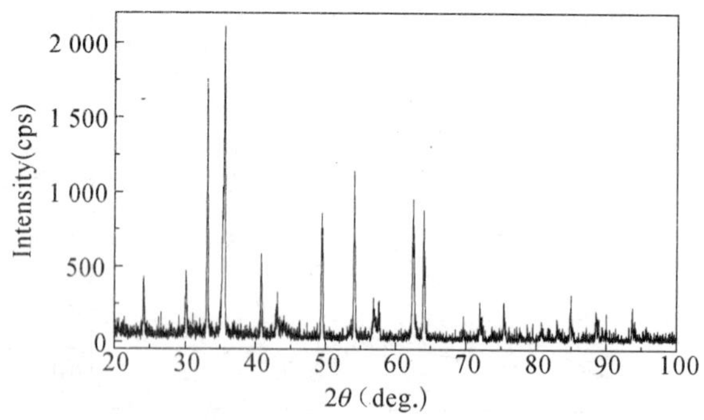

图4.17 Fe_2O_3试样置于阳极上在等离子氢中还原的X射线衍射图

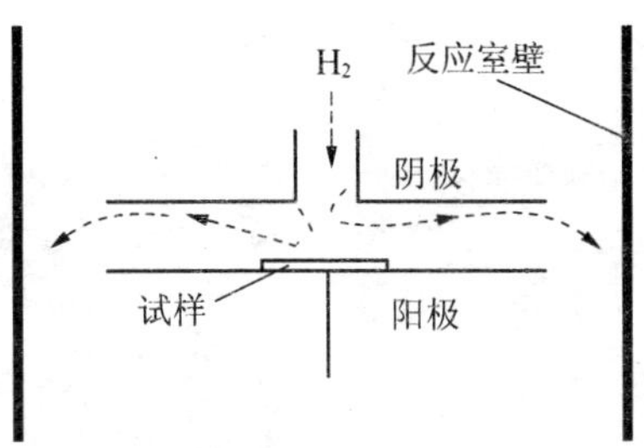

图 4.18　试样置于阳极时氢粒子的运动示意图

另外还设计了一个特殊的实验，实验中采用一个高约 7 mm 的柱状 Fe_2O_3试样进行还原实验，极间距为 10 mm，其他实验条件同前. 结果发现只有靠近阴极部分的一段试样表面得到了还原，其余部分没有观察到明显的还原层，见图 4.19. 这个实验结果可以说明在直流脉冲等离子场中活泼氢粒子的主要存在区域是靠近阴极表面部分.

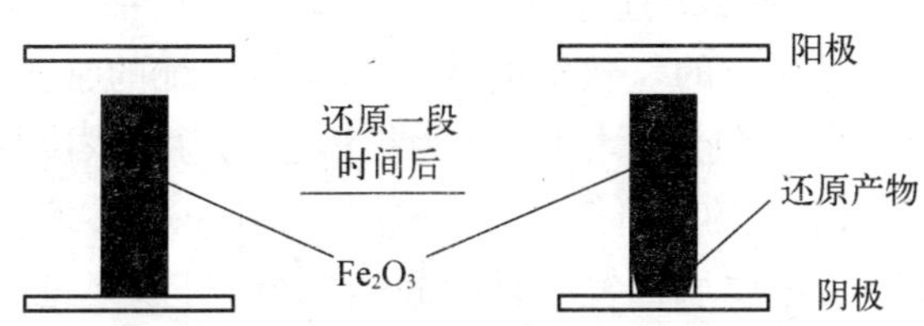

图 4.19　较高的 Fe_2O_3柱状试样的还原示意图

4.4　较长时间下的还原层厚度

在放电电压为 500 V、气压为 900 Pa 的条件下，考察了经过较长还原时间后试样的还原层厚度情况. 发现经过 120 min 和 180 min 还原后，试样还原层的厚度变化不明显，约为 20 μm（见图 4.20），说明还原进行了一段时间后反应速率很慢.

利用等离子体氢还原金属氧化物时，随着还原过程的进行，还原进程会变得很慢，即与低温等离子体和固体的表面作用问题有

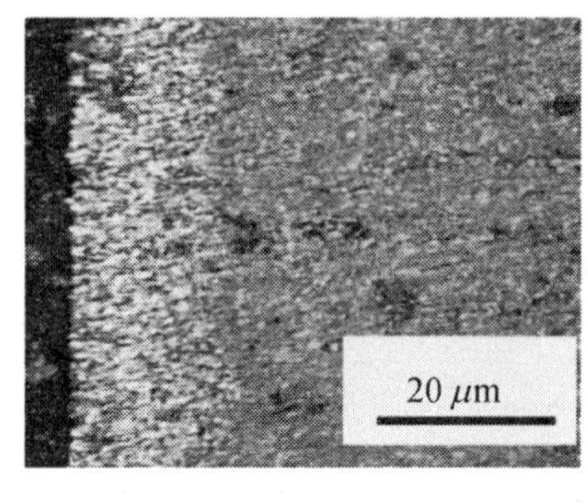

(1) 120 min

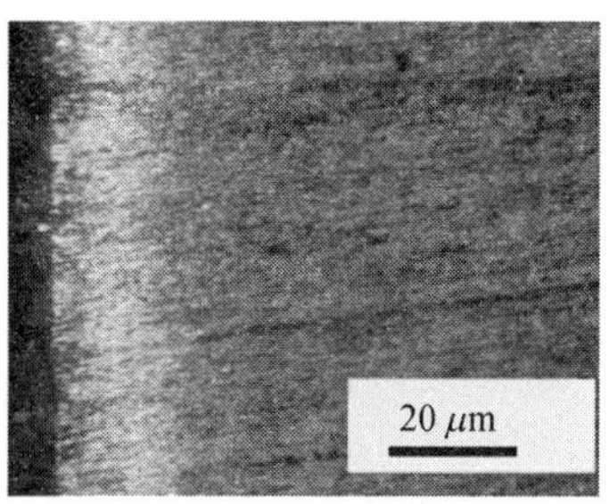

(2) 180 min

图 4.20 长时间还原后的 Fe_2O_3 试样金相照片

关[122,123]. 这关系到低温等离子体在提取冶金中应用的一个关键问题.

在冷等离子体氢还原中，由于整个体系的压力只有几百到数千帕，等离子体相中由于离解、电离产生的活性等离子体氢的分压更低，这样当反应界面随着还原的进行转移到试样内部之后，由试样表面和反应界面间形成的氢粒子的浓度梯度与传统的常压、甚至大于 1 atm气压下的分子氢还原相比，作为扩散驱动力的浓度梯度要小得多. 结合前面 4.1 节的分析知道，当还原进行到一定深度之后，部分活性氢粒子在产物金属表面复合外，另一部分会扩散穿过还原产物层到达反应界面继续还原内部的 Fe_2O_3. 随着表面产物金属 Fe 层加厚，可能氢粒子穿过产物层的扩散会变成整个反应的限制性环节. 因此，还原反应速率会逐渐变慢，还原层厚度增大不明显.

4.5 高温条件下的还原反应

在 680℃的高温条件下，当等离子体氢还原时的气体压力为 1 850 Pa，输入电压为 500 V，放电电流约为 0.3 A，对分子氢和等离子体还原后的试样做了比较. 还原后试样的 SEM 照片如图 4.21，试样表面物相的 X 射线衍射测试结果见图 4.22(图中未标示出来的峰

(1) 分子氢还原 (680℃, 15 min)

(2) 等离子体氢还原 (680℃, 15 min)

图 4.21　不同的氢粒子还原 Fe_2O_3 试样的 SEM 照片

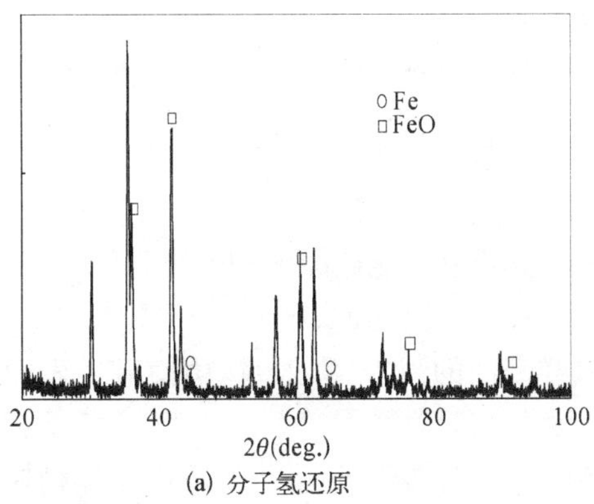

(a) 分子氢还原

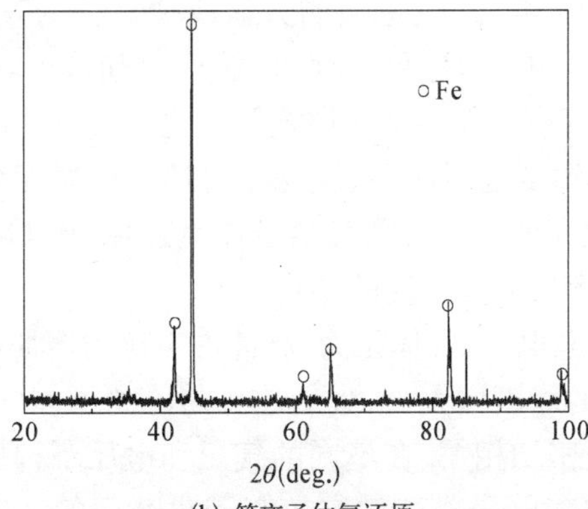

(b) 等离子体氢还原

图4.22　氢还原 Fe_2O_3 试样的 X 射线衍射图

均为 Fe_2O_3). 在相同的温度、压力和还原时间内，利用分子氢还原仅得到少量的金属 Fe 和部分 FeO，而利用等离子体氢还原后的试样表面全部检测为金属铁相. 这表明等离子场中由分子氢和非分子氢组成的混合气的还原速率比单纯的分子氢大得多，在氢离子对试样表面的轰击(或溅射)作用下，使试样表面产生了大量的反应活性点，从而加快了还原反应的进行，同时使试样表面颗粒比原始试样变得细小而密实；分子氢还原后的试样表面仅出现了少量白色小点，整体的形貌变化不大.

4.6 小结

通过直流脉冲电场产生的冷等离子体氢低温还原 Fe_2O_3 实验研究，可以得出以下结论：

(1) 在传统的分子氢不能还原 Fe_2O_3 的条件下，利用冷等离子体氢实现了 Fe_2O_3 的有效低温还原；随着等离子体氢作用时间的延长，由于氢粒子对试样表面的轰击(溅射)作用使试样表面的颗粒逐渐变得非常细小.

(2) 随着还原时间的增长，试样表面等离子体鞘层的变化对还原进程有着重要的影响. 通过适当的方法改变试样的表面等离子体鞘层，可以显著地影响还原进程. 中性的原子 H 和带正电的活性粒子如 H^+、H_2^+、H_3^+ 等都有可能参加还原金属氧化物反应过程.

(3) 在实验温度范围内，温度变化对还原层厚度变化影响不大. 这可能从一个侧面说明了活泼等离子体氢还原 Fe_2O_3 反应的活化能很小，反应的速率常数受温度的影响不大.

(4) 随着放电电压、气体压力、脉冲占空比的增加，在相同的还原时间内，还原层的厚度增大，增大的趋势与等离子体中产生的活性氢粒子浓度的大小密切相关. 在不同的气压和电压下，高能电子数量和能量的不同影响着电子碰撞的有效离子化截面的大小，进而影响着活性氢粒子的浓度；增大脉冲占空比与单位时间内输入反应体系的能量及活性粒子的浓度的增加直接相关. 在满足灭弧、稳定辉光放电的条件下,可以采用较大的脉冲占空比.

(5) 把试样放置在活性氢粒子浓度较大的阴极板上才能实现金属氧化物的有效还原. 与等离子体和固体表面相互作用的特性相关,当还原进行到一定厚度之后,还原反应进行得很慢,活性氢粒子在试样表层内的扩散可能成为还原过程的限制性环节. 进一步的原因还有待研究.

(6) 在 680℃的较高温条件下(气体压力为 1 850 Pa,等离子体的输入电压为 500 V、放电电流为 0. 3 A,还原时间为 15 min),利用分子氢还原仅得到少量的金属 Fe 和部分 FeO,而利用等离子体氢还原后的试样表面全部检测为金属铁相,等离子体氢还原后的试样表面颗粒比原始样子变得细小而密实,分子氢还原后的试样表面整体的形貌变化不大. 这表明等离子场中由分子氢和非分子氢组成的混合气的还原能力比单纯的分子氢大得多,并且等离子态的氢粒子和试样之间有着较强的相互作用.

第五章 易还原的 CuO 在氢等离子体中的行为

在等离子体氢还原 Fe_2O_3 的基础之上，又选择了容易还原的 CuO 在更低的放电气压和电压下进行了实验研究，考察了等离子体氢在低气压和电压条件下对金属氧化物还原的效果和规律.

实验中采用化学纯的 CuO 粉末压制烧结成直径为 11 mm、厚度为 2 mm 的饼状试样. 实验过程中的极间距为 10 mm，脉冲占空比为 37.5%，脉冲频率为 1 250 Hz，金属氧化物试样放置在下极板上，并和电源的负极相连接.

5.1 试样中的物相分析

在利用等离子体氢还原 CuO 时，输入功率为 90 W、反应气压为 450 Pa、还原温度为 200℃，并在相同气压和还原温度下进行了与传统的分子氢还原的对比实验. 试样的 X 射线衍射测定结果见图 5.1，不同 CuO 试样的外观照片见图 5.2. 这些结果表明，对于没有给反应体系施加等离子场的情况下，即直接用分子态的氢还原 CuO，反应后的试样表面没有任何变化，与还原前 CuO 原试样相同，仍然为黑色的 CuO 相. 而给反应体系施加等离子场的情况下，即利用等离子态的氢还原 CuO 时，X 衍射分析试样表面全部为纯 Cu 相，反应时间小于 60 min时，还有少量的 Cu_2O. 这说明分子氢的等离子化提高了氢还原 CuO 的能力，使 CuO 在 450 Pa、200℃这样低的压力和温度下能很快地被还原为金属铜. 同时，随着还原时间的增加，试样表面金属 Cu 相的峰在逐渐增大，而 CuO 相的峰在减小. 到时间增加到 60 min 之后，CuO 相的峰完全消失，还原得到的金属铜层的厚度随时间的延长而增加,这是由于X衍射检测到的是试样一定厚度内表面薄层的平均响应,如果还原层太薄的话,衍射结果反映的依然是基体CuO的图样.其中Cu_2O的存在说明了在还原反应发生的界面上存在中间价态的物相.

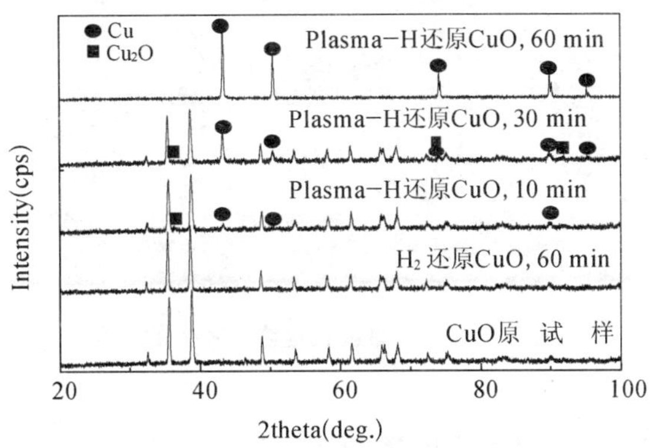

图5.1　在不同条件下CuO还原试样的X射线衍射图

原始试样　　分子氢还原60 min　　等离子体氢还原60 min

图5.2　不同CuO试样的外观照片

对还原后的试样截面上从表层到内部Cu元素的电子探针扫描结果如图5.3所示.可以看出,沿扫描线上Cu元素的含量从表面向内逐渐减少,结合上面的X射线衍射的测定结果知道,还原过程按$CuO \rightarrow Cu_2O \rightarrow Cu$的规律逐级进行的,而且不同价态的铜化合物并没有出现阶梯状的分布.

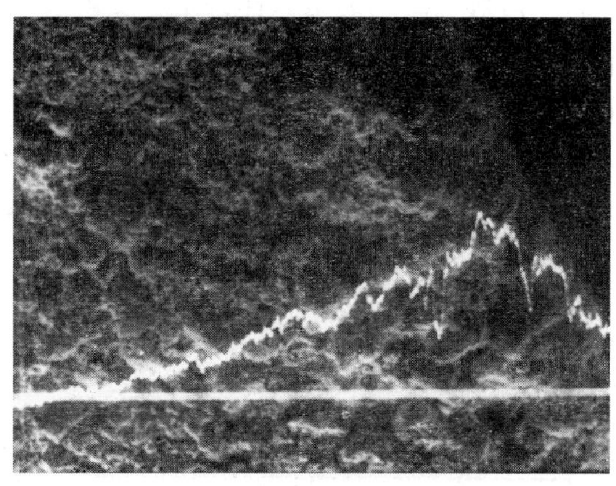

图 5.3 Cu 元素在扫描线位置上的分布

5.2 SEM 和光学显微镜观察

用扫描电镜(SEM)和光学显微镜观察了还原前后试样的表面和截面,结果示于图 5.4. 由于压制后的试样在较高的温度下烧结(900℃),接近于 CuO 的熔点 1 122℃,因此还原前的试样呈致密的板状大颗粒结构(图 5.4(a)),烧结后的颗粒尺寸远大于原始粉粒的尺寸1 200 nm左右(见图 5.5). 在等离子体氢的作用下 CuO 基体上开始出现细小的颗粒(见图 5.4(b)),且随着还原时间的增长,这些细小颗粒在基体表面逐渐增大,并且占据的量变多(图 5.4(c)).

从 SEM 照片中可以看出细小颗粒的直径约为 0.1～0.2 μm,它是不同于 CuO 的物种(Cu 或 Cu_2O),还是由于氢粒子轰击试样表面造成基体表面物理形貌的变化,需得到进一步的证实. 图 5.4(d)显示出氢等离子体还原 90 min 后试样的截面情况,可以发现试样表面形成了金属铜,它的厚度与还原时间有关,还原时间越长,还原层越厚.

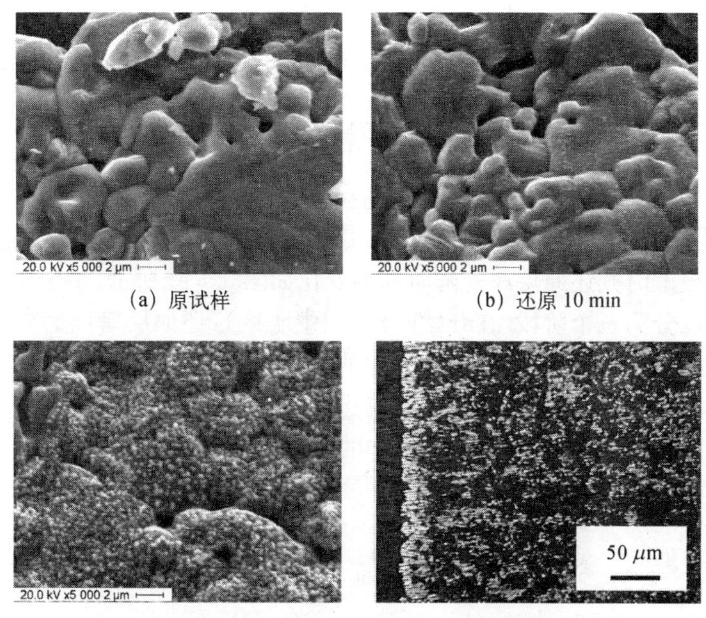

(a) 原试样　(b) 还原 10 min

(c) 还原 70 min　(d) 截面照片

图 5.4　不同 CuO 试样的 SEM (a、b、c)和金相照片(d)

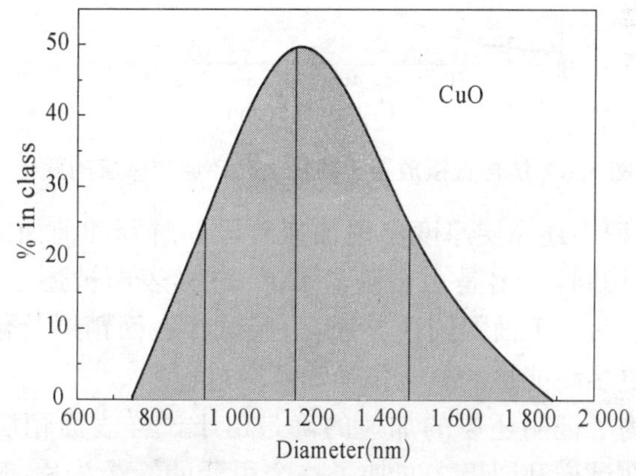

图 5.5　纯 CuO 粉的粒度分布

5.3 影响还原速率的因素

5.3.1 还原层厚度随时间的变化

保持其他参数不变,改变反应时间,利用等离子体氢还原 CuO 时,得到了和前面 Fe_2O_3 相类似的实验结果,把 CuO 试样直接放置于阴极板上时其还原层厚度随时间的变化如图 5.6 线所示,整个还原反应可以分为三个阶段. 在开始阶段(图中 Ⅰ 区),还原层厚度的变化很小. 随着还原过程进行到图 5.6 中的 Ⅱ 区时,还原厚度的增加出现一个明显的加速阶段. 当还原过程的进一步进行时,还原层厚度的变化又开始变慢,反应进行到图 5.6 中的 Ⅲ 区.

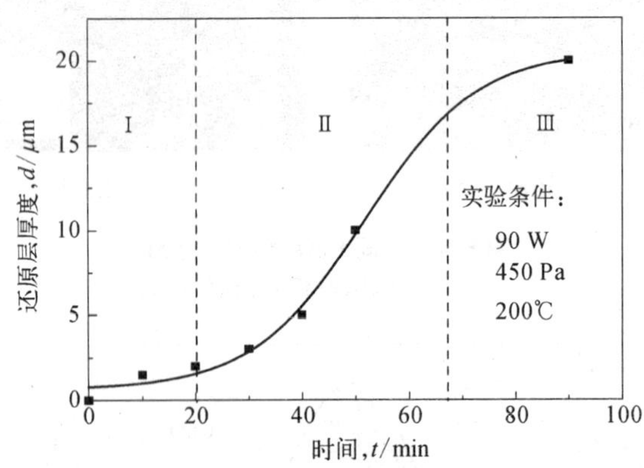

图 5.6 试样直接放置于阴极上时还原层厚度的变化

反应过程中还原层厚度出现加速阶段的解释和前面的 Fe_2O_3 还原过程解释相同,主要是由于随着 CuO 试样表面被还原为金属 Cu 的导电层之后,和下面的阴极导通,引起试样表面鞘层及鞘层压降的变化,导致更多高能量的离子氢参加还原过程.

同样,为了证明还原的加速的确是由于试样表面鞘层的变化引起的,通过在试样和阴极之间加了一个很薄的绝缘垫片,其他实验条件相同,这样即使试样表面被还原为导电的金属 Cu 层,试样也不会发生由于和下面的阴极导通而导致试样表面的电势变化，即试样表面的离子鞘层压降不会发生明显的变化. 在 CuO 试样和阴极之间放置一个很薄、很小的绝缘片时，还原层厚度随时间的变化如图 5.7 所示，这时还原厚度的变化没有出现明显加速的阶段. 证明了还原层厚度变化的加速确实是由于离子鞘层的变化引起的.

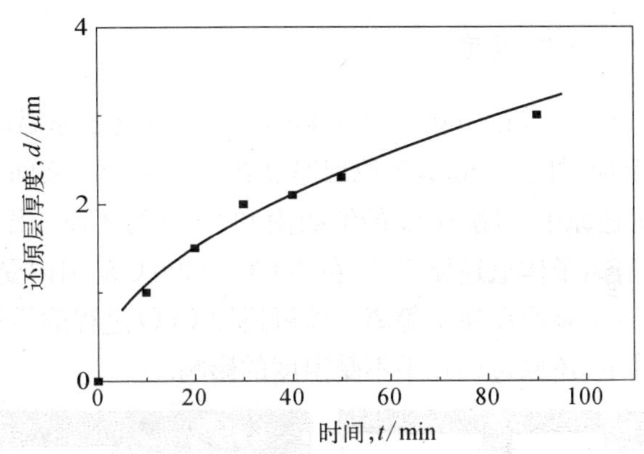

图 5.7 还原层厚度随时间的变化

对两种还原情况下的还原结果对比如图 5.8 所示. 从图 5.8 中的

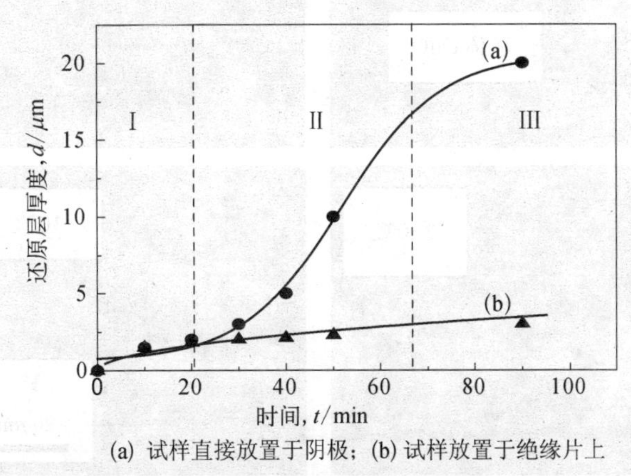

(a) 试样直接放置于阴极；(b) 试样放置于绝缘片上

图 5.8 不同放置方式的试样还原层厚度对比

两条线段趋向的变化可以看出，在实验的开始阶段，试样表面的鞘层压降基本相同，所以还原层的厚度基本没有差别. 但随着试样表面全部变为一个导电的金属层，由于不同试样放置形式下的表面鞘层会发生变化，还原速度会出现明显的差别. 这说明试样表面离子鞘层的存在对等离子态的氢还原金属氧化物的过程具有重要的影响.

5.3.2 反应温度

如图 5.9 所示，在 400 V、140 Pa 条件下，变化还原温度从 160℃到 300℃，反应时间 60 min，还原层厚度在 1～1.5 μm 之间变化. 与传统的分子氢还原中产物 H_2O 的解吸附和 CuO 的还原与温度有很大关系不同，等离子体氢还原 CuO 在 160℃～300℃范围内受温度影响很小. 这从一个侧面反映了等离子体氢还原 CuO 过程的活化能很小，在实验条件下，还原过程几乎不受温度的影响.

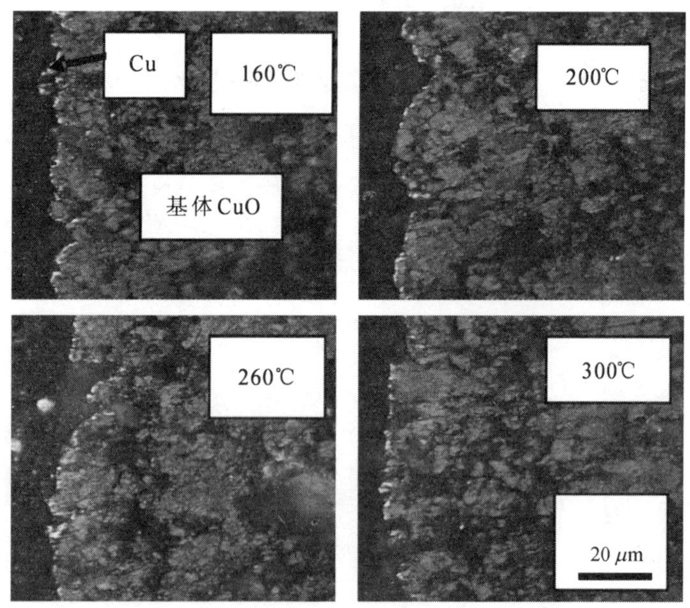

图 5.9 CuO 的还原层厚度随反应温度的变化

5.3.3 较长时间下的还原层厚度

在放电电压为 400 V、气压为 140 Pa、还原温度为 160℃条件下，进行了较长时间(120 min 和 180 min)下的还原实验. 结果发现，还原的厚度基本不变，在 2 μm 左右，如图 5.10 所示. 与前面氧化铁的还原相类似，还原的极限厚度与等离子体和固体表面相互作用的特性相关. 当还原进行到一定厚度之后，还原反应进行得很慢，等离子体氢在试样表面还原金属层内的扩散可能成为还原过程的限制性环节.

氧化铁在较长时间下的还原层厚度约为 20 μm(放电电压为

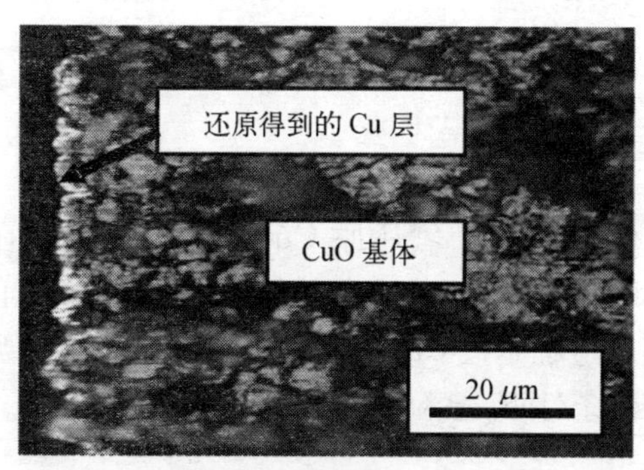

(a) 120 min

(b) 180 min

图 5.10 在长时间氢等离子体作用下的试样截面金相显微镜观察

500 V、气压为 900 Pa)相比,CuO 在较长时间下的还原层厚度只有 2 μm左右. 这可能与以下几个方面的因素有关. 一方面是 CuO 的还原采用的电压和气压较低,这意味着等离子体场中较低的活性氢粒子浓度. 另一方面与试样本身的形貌有关,由前面的 SEM 测试知道,烧结后的 Fe_2O_3试样表面是比较小的球形小颗粒,颗粒之间具有明显的空隙;而烧结后的 CuO 试样表面呈致密的板状结构,这不利于还原气体粒子向试样内部反应界面的扩散. 此外,还可能与 Fe 和 Cu 材料本身的物化性质对活性氢粒子的影响如碰撞复合等的不同有着密切关系. 有关研究表明,活性粒子在 Cu 材料表面的碰撞复合概率要比 Fe 材料表面大得多[135].

5.4 小结

通过直流脉冲等离子氢还原 CuO 的实验知道,在体系压力为 450 Pa、温度为 200℃时,与分子态的氢不同,等离子态的氢可以还原 CuO 为 Cu,还原过程是按 CuO→Cu_2O→Cu 的规律逐级进行的. 这说明在冷等离子体条件下,氢粒子得到了活化,进而增强了还原氧化物的能力.

随着还原时间的增加,当饼状 CuO 试样直接放置于阴极板上时,还原层厚度呈 S 型曲线变化,还原过程加速阶段是由于试样表面鞘电压的变化导致更多的高能量的离子氢参加还原过程而引起的. 采用适当的方式改变金属氧化物试样的电位,从而改变鞘层厚度,会加速氢等离子体还原金属氧化物得进程.

在 160℃～300℃的温度范围内还原层厚度变化受温度的影响不大. 这从一个侧面反映了等离子体氢还原 CuO 过程的活化能很小,在实验条件下,还原过程几乎不受温度的影响.

在放电电压为 400 V、气压为 140 Pa 下,在较长时间下 CuO 表面还原层厚度在 2 μm 左右. 这与等离子体和固体表面相互作用的特性相关,当还原进行到一定厚度之后,还原反应进行得很慢,等离子体氢在试样表层内的扩散可能成为还原过程的限制性环节.

金属氧化物在较长时间氢等离子体作用下的还原层厚度,可能不仅与实验过程中采用的电压和气压大小有关,还取决于试样的表面物理结构、材料本身的物化性质等因素.

第六章　低温氢还原氧化钛

在相同的实验平台上利用直流辉光等离子体氢对高熔点、难还原的金属氧化物 TiO_2 进行了实验研究，进一步考察等离子体氢对难还原金属氧化物的还原效果.

采用第三章介绍的试样制备方法，对化学纯的 TiO_2 粉末进行压制和烧结，最终得到的 TiO_2 饼状试样的直径为 11 mm、厚度为 2 mm. 实验过程中采用的极间距、脉冲占空比和脉冲频率的大小分别为 10 mm、37.5%和 1 250 Hz，TiO_2 试样放置在与电源的负极相连接的下极板上.

6.1　试样的 X 射线衍射和表观形貌分析

实验条件为：氢气压力 2 500 Pa、反应温度 960℃、还原时间 60 min. 当采用等离子体氢还原时输入功率为 372 W. 利用 X 射线衍射检测反应前后试样中所含的物相，测定结果（见图 6.1）表明，对于没有向反应体系施加等离子场的情况，即直接用分子态的氢还原 TiO_2，反应后的试样主要是 TiO_2，仅有少量的 $Ti_{10}O_{19}$ 和 Ti_9O_{17}. 利用等离子体氢还原 TiO_2 时，X 衍射分析试样表面全部为低价氧化钛，主要是 Ti_2O_3、Ti_3O_5 和少量的 Ti_9O_{17}，还有一些峰值没有找到对应的物相. 这表明等离子体氢的反应活性和还原能力远远高于分子氢.

从还原前后试样的照片（见图 6.2）可以看到：还原前的纯 TiO_2 相试样为白色；利用分子氢还原后，表面变得稍显灰色，观察试样的厚度截面发现这层灰色层很薄. 从 X 射线衍射的检测结果可知，这一灰层主要是 TiO_2，还有少量的 $Ti_{10}O_{19}$ 和 Ti_9O_{17}. 在灰色层下面是由 TiO_2 构成的白色层. 这个 TiO_2 的白色层可以看成未反应核.

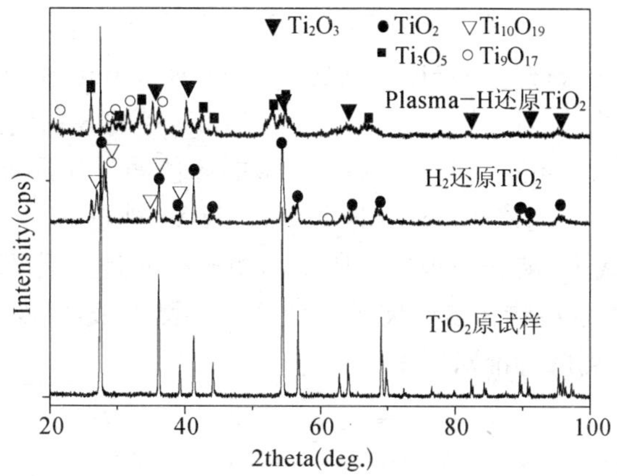

图 6.1 不同 TiO_2 试样的 X 射线衍射谱

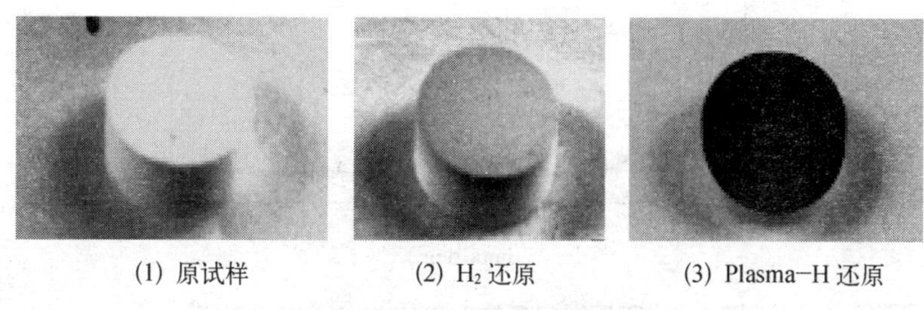

(1) 原试样　(2) H_2 还原　(3) Plasma-H 还原

图 6.2 不同 TiO_2 试样的照片

而等离子态的氢还原后，试样表面呈现黑色，磨开其厚度上的截面观察，在黑色表层下面还存在一个灰色层和一个白色的未反应层，如图 6.3 所示. 进一步实验表明：随着反应时间的增长，试样表面的黑色层会逐渐增厚. 反应界面由试样表面逐渐进入试样内部，整个还原过程可以用未反应缩核模型来描述. 根据 Ti-O稳定相图[51] 知道，在 960℃ 下还原 TiO_2 得到的产物应为 Ti_9O_{17}、Ti_3O_5和 Ti_2O_3. 与 X 射线衍射分析结果一致.

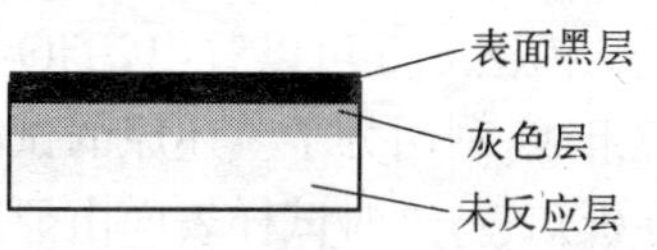

图 6.3 反应后试样结构示意图

改变实验条件，在 1 500 Pa、300 W、850℃条件下，考察了表层生成的 Ti_2O_3 能否被进一步还原. 取还原时间为 30 min 和 200 min 的试样进行 X 射线衍射分析(见图 6.4). 由图 6.4 中的 X 射线衍射峰值的变化可以看出，还原 200 min 后 Ti_2O_3 的峰值明显比还原 30 min 的 Ti_2O_3 的衍射峰值降低，这意味着由于 Ti_2O_3 被进一步还原后表面 Ti_2O_3 量的减少. 被进一步还原所得的物相可能是介于 Ti_2O_3 和 TiO 之间的物相，这些物相虽然被 X 射线衍射检测出来，但没有找到对应的 X 射线衍射峰标准对照卡.

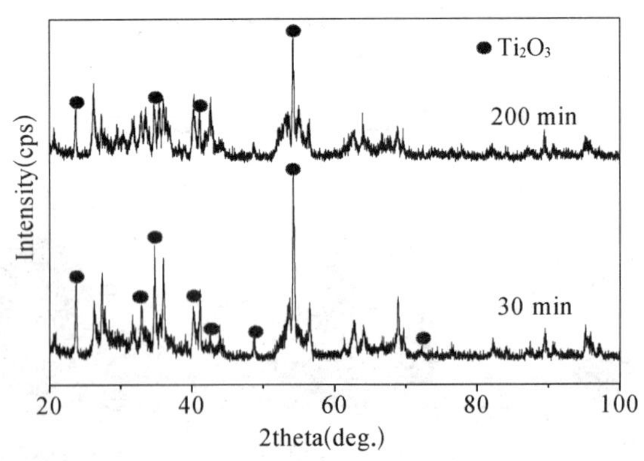

图 6.4　不同时间还原后 TiO_2 的 X 射线衍射谱

6.2　试样的 SEM 分析

由图 6.5 可以看出，TiO_2 的原试样表面主要由很大的非球形颗粒组成，利用分子氢还原的试样表面颗粒尺寸没有变化. 根据前面的分析知道，这时试样表面由原来的白色变为灰色. 等离子态的氢还原 TiO_2 的试样表面的颜色呈黑色，由 X 衍射检测知道主要的物相为 Ti_2O_3 和 Ti_3O_5. 当试样在等离子体氢下还原时间持续 200 min 后，试样表面出现明显的粒子轰击和溅射现象. 实验过程中氢气压力 2 500 Pa、反应温度 960℃，等离子体氢还原时输入功率为 372 W.

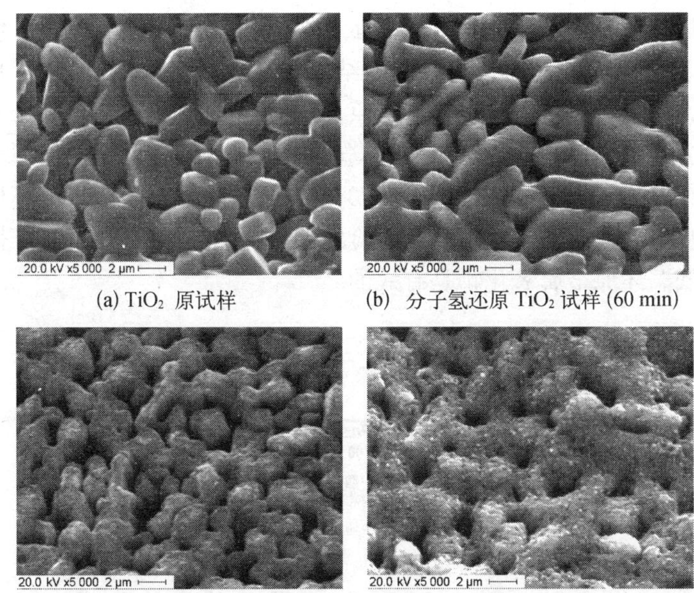

(a) TiO_2 原试样　(b) 分子氢还原 TiO_2 试样 (60 min)

(c) 等离子体氢还原 TiO_2 试样 (60 min)　(d) 等离子体氢还原 TiO_2 试样 (200 min)

图 6.5　不同 TiO_2 试样的 SEM 照片

由 SEM 照片知道，冷等离子体氢对试样表面具有明显的轰击、碰撞作用. 被碰撞的试样表面变得很粗糙，粗糙程度与反应时间有关系. 实验结束后，反应室壁上和两个极板表面被一层黑色的粉末所覆盖，这些黑色粉末可能是试样表面还原出来的 Ti_2O_3、Ti_3O_5 被碰撞、溅射所致.

这些碰撞、溅射现象表明，在较高气压和电压下，等离子态氢还原过程中具有高能量的活性氢粒子和试样表面发生着很强的相互作用. 这些高能量的氢粒子轰击金属氧化物的试样表面，使试样表面产生更多的活性点，从而强化表面的还原反应.

6.3　不同氢粒子还原效果的比较

以还原产物的氧和钛的原子比（O/Ti）作为评价还原程度的标

准,对本实验中冷等离子体氢、文献中的高温等离子体氢以及传统的分子氢在不同温度下还原 TiO_2 的结果做了比较.图 6.6 给出了比较结果,其中实心的点为分子氢还原,空心点为等离子体氢还原.与传统的分子氢还原相比,冷等离子体氢还原强度都远远高于分子氢.虽然在高温热等离子体氢作用下 TiO_2 也达到了和本实验相近的还原程度,但其还原温度远远高于本实验的温度.因此,利用冷等离子体氢强化低温还原金属氧化物是有效的.

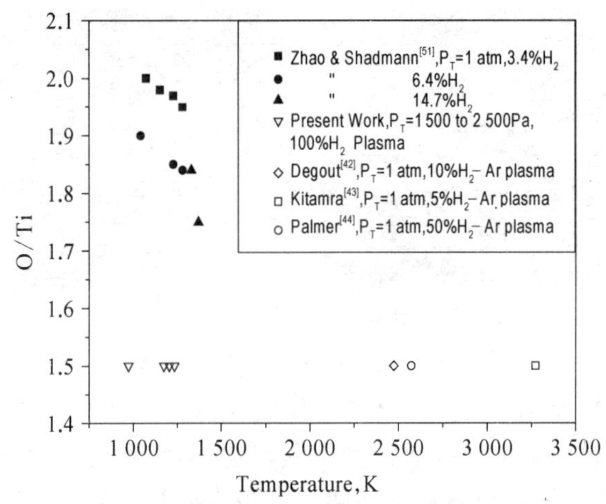

图 6.6 等离子体氢和分子氢还原 TiO_2 得到最终产物的 O/Ti (摩尔比)比较

6.4 还原程度的分析

利用直流脉冲冷等离子体氢还原难还原的 TiO_2 没有得到其相应的金属钛,而前面冷等离子体氢低温还原 CuO 和 Fe_2O_3 都得到了其相应的金属 Cu 和 Fe.为了分析其中的原因,首先从热力学上对三种氧化利用氢还原反应的标准吉布斯自由能进行了计算,结果见图 6.7.原子氢是等离子体氢中重要的活性粒子之一,以原子氢代替等离子体氢进行标准状态下的热力学平衡计算.

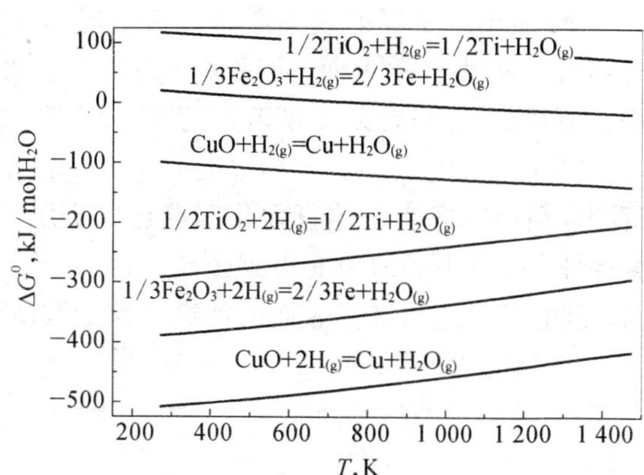

图 6.7　不同氧化物的氢还原反应标准吉布斯自由能变化

利用等离子体氢还原三种金属氧化物反应的标准吉布斯自由能都远小于其相应的分子氢还原反应的标准吉布斯自由能，并且自由能随温度变化的趋势是基本一致的. 原子氢还原难还原的 TiO_2 反应的吉布斯自由能也远小于零的，这说明利用等离子体氢还原 TiO_2 得到金属钛在热力学上是可能的. 虽然在热力学上计算反应是可以进行的，但有可能还原过程还受动力学因素的控制，还可能与试样表面的活性氢粒子浓度有关，但这需要通过进一步研究以证实. 上面的计算是在平衡条件下进行的，但计算结果对非平衡态冷等离子体氢还原反应也具有一定的指导意义.

6.5　小结

利用冷等离子体氢对高熔点、难还原的 TiO_2 进行还原实验研究知道，在反应体系压力为 2 500 Pa、反应温度为 960℃ 和还原时间为 60 min 的条件下，利用冷等离子体氢还原 TiO_2 得到 Ti_2O_3、Ti_3O_5 和少量的 Ti_9O_{17}，而利用传统的热分子氢仅能还原得到极少量的 $Ti_{10}O_{19}$

和 Ti_9O_{17}. 深入的实验表明,试样表面生成的 Ti_2O_3 还有可能被进一步还原. 通过 SEM 对不同试样的表面形貌分析发现,等离子场中的活性氢粒子会轰击、碰撞试样表面,使试样表面产生了更多的活性点,从而促进还原反应的进行. 对本实验冷等离子体氢、文献中的高温等离子体氢以及传统的分子氢在不同温度下还原 TiO_2 的结果进行的比较可以看出,利用冷等离子体氢强化低温还原金属氧化物是有效的. 在本实验研究条件下还原没有得到金属钛,可能还原过程受到动力学因素的控制,还可能与试样表面的活性氢粒子的浓度有关,但这需要通过进一步研究以证实.

第七章　冷等离子体氢还原金属氧化物能力的理论探讨

随着非平衡态等离子体化学的发展，利用等离子体的化学特性来强化化学反应过程已日益受到重视. 利用非分子态的氢还原金属氧化物特别是那些高熔点极难还原的金属氧化物提供了一种潜在的可能途径[66]. 前面的实验研究表明，把分子氢等离子体化可以强化氢还原金属氧化物的能力. 本章试图通过分析不同等离子态的氢的还原能力，以理解还原过程的强化作用机理.

7.1　研究现状及观点提出

Robino[56]在研究利用原子氢还原稳定氧化物的可能性时，提出了分析由原子氢和分子氢组成的混合气体的还原能力. 他假设 H 与 H_2之间存在平衡反应：$2H_2=4H$，由 H 和 H_2组成的混合气体为近似理想气体，根据反应式(7.1)可以定义混合气体的氧势：

$$\frac{4n}{2-n}\mathrm{H}+\frac{4(1-n)}{2-n}\mathrm{H_2}+\mathrm{O_2}=2\mathrm{H_2O} \tag{7.1}$$

其中，n 为混合气体中原子氢的摩尔分数(定义为 $n=n_{\mathrm{H}}/(n_{\mathrm{H}}+n_{\mathrm{H_2}})$)，$n_i$ 代表混合气体中组分 i 的摩尔数. 用 H 和 H_2混合气体还原金属氧化物 M_xO_y的反应可用(7.2)式描述：

$$\frac{4n}{2-n}\mathrm{H}+\frac{4(1-n)}{2-n}\mathrm{H_2}+\frac{2}{y}\mathrm{M}_x\mathrm{O}_y=2\mathrm{H_2O}+\frac{2x}{y}\mathrm{M} \tag{7.2}$$

根据 Robino 的分析思路可知，他假设混合气体中原子氢和分子氢以一定的比率同时参加金属氧化物的还原反应过程，随着原子氢摩尔分数 n 的增大，混合气体的还原能力增大.

Gaskell[124]利用传统平衡态下的相律对 Robino 提出混合气体还原金属氧化物的体系进行了进一步的分析,指出由氢和氧组成的平衡体系,其中原子氢的平衡分压可以忽略,体系的平衡氧分压实际上由气相中 P_{H_2}/P_{H_2O} 比值确定,与原子氢无关.

实际上,Gaskell 的观点对于一个封闭的、静止、低温(没有达到热平衡等离子体的状态)体系来说是正确的,因为在低温下与分子氢平衡的原子氢的平衡浓度(即只依靠分子氢的热离解产生原子氢)是可以忽略的. 但对一个开放的、由外加能量持续产生原子氢的流动体系来说,Gaskell 的观点是不正确的,因为这样一个体系是一个不平衡的体系,并且其中原子氢的浓度是不可忽略的,不能用整体平衡概念来衡量一个不平衡体系的氧势.

氢等离子体就是一个开放的、由外加能量作用于氢气后持续产生活泼的非分子态氢的流动体系. 体系中的电子具有很高的温度,而重粒子具有较低的温度,是一个非平衡的体系,称这种等离子体为非平衡态等离子体或低温等离子体. 在低温氢等离子体系中,分子氢对于还原金属氧化物往往是惰性的,而只有其中的等离子态氢对还原过程起作用,并且在氢等离子体系中不仅存在中性原子氢,还包括离子氢,不同氢粒子的分布也并不是稳定的. 因此,把等离子体系中的反应气体看成原子氢和分子氢以一定的比率同时参加金属氧化物的还原反应过程,来考察混合气体的还原能力是不尽合理的. 整体等离子体混合气体的还原能力是由不同的氢粒子的还原能力共同组成的,不同的氢粒子和处于等离子体中的氧化物反应会产生不同的平衡水蒸气分压,需要对每一种可能存在的氢粒子进行考察. 本章通过分析冷氢等离子体中可能存在的活性粒子及不同氢粒子的还原能力,以求对等离子体氢强化金属氧化物还原的机理具有更深入的了解.

7.2 非平衡氢等离子体中存在的主要粒子

非平衡态纯氢等离子体中的反应过程可以归纳为五类,如表 7.1

所示. 由表 7.1 可知，在纯氢等离子体中主要存在 8 种粒子：分子态 H_2（包括基态 H_2 和激发态 H_2^*）、原子态 H（包括基态 H 和激发态 H^*）、H^+、H_2^+、H_3^+ 和 e. 虽然电子对单原子和双原子氢具有亲和力，但是在中等气压下的非平衡态等离子体中，由于电子的能量达不到超热电子（约 40 eV 以上）的程度，所以不会发生电子粘附而形成如 H_2^-、H^- 之类的负离子[125].

表 7.1　纯氢等离子体中的反应过程[121,126~128]

Reaction	Reaction
Electron-neutral:	Elastic collision:
Dissociation:	$e^* + H_2 \longrightarrow H_2 + e$
$e^* + H_2 \longrightarrow 2H + e$	$e^* + H \longrightarrow H + e$
Ionization:	**Electron-ion**:
$e^* + H_2 \longrightarrow H_2^+ + 2e$	$e^* + H^+ \longrightarrow H$
$e^* + H_2 \longrightarrow H^+ + H + 2e$	$e^* + H_2^+ \longrightarrow H + H$
$e^* + H \longrightarrow H^+ + 2e$	$e^* + H_3^+ \longrightarrow H_2 + H$
Excition:	$e^* + H_2^+ \longrightarrow H^+ + H + e$
$e^* + H_2 \longrightarrow H_2^*\left(B^1\sum_u^+\right) + e$	$e^* + H_3^+ \longrightarrow H^+ + 2H + e$
	Ion-neutral:
$\longrightarrow H_2^*\left(C^1\prod_u\right) + e$	$H^+ + 2H_2 \longrightarrow H_3^+ + H_2$
	$H_2^+ + H_2 \longrightarrow H_3^+ + H$
$\longrightarrow H_2^*\left(E,F^1\sum_g^+\right) + e$	**Neutral-neutral**:
$e^* + H_2 \longrightarrow H + H^*(n=2) + e$	$H + H + H \longrightarrow H + H_2$
$\longrightarrow H + H^*(n=3) + e$	$H + H + H_2 \longrightarrow 2H_2$
$e^* + H \longrightarrow H^*(2s) + e$	**Wall recombination**:
$\longrightarrow H^*(2p) + e$	$H + \text{wall} \longrightarrow 1/2H_2$
$e + H_2 \longrightarrow H_2(v=1) + e$	$H^+ + \text{wall} \longrightarrow H_2$
$\longrightarrow H_2(v=2) + e$	$H_2^+ + \text{wall} \longrightarrow H_2$
$e + H_2 \longrightarrow H_2(J=0 \rightarrow 2) + e$	$H_3^+ + \text{wall} \longrightarrow H_2 + H$

由分子氢离解、电离产生的中性和带电的氢粒子的生成吉布斯自由能如图 7.1 所示. 虽然 H、H^+、H_2^+ 等粒子的生成反应的吉布斯

自由能变化在计算的温度范围内为正值，但由于体系的高能电子(e^*)浓度相对较高，它们会频繁地碰撞分子氢产生这些粒子，同时碰撞电离生成的电子(e)在持续外加电场的加速下形成新的高能电子并碰撞分子氢发生激发、离解和电离. 这是一个循环不断的过程，使体系的 H、H^+、H_2^+ 等粒子的浓度得以维持. 而 H_3^+ 的生成反应的自由能变化是负值，即是一个自发的过程，这就有可能使反应体系中 H_3^+ 的浓度很高，以致于成为氢等离子体中主要的带电粒子.

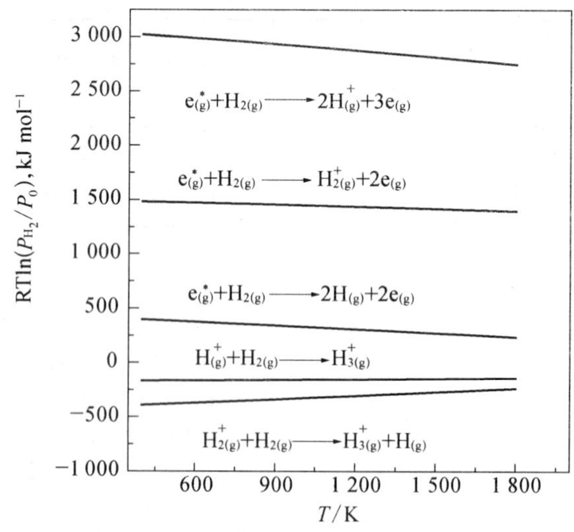

图 7.1　不同氢粒子的标准生成自由能[10]

表 7.1 中所示离子——中性粒子的反应决定着等离子体系的主要离子，H^+、H_2^+ 会与 H_2 反应生成 H_3^+. 这些反应的速率随着分子氢密度的增加而增大，而分子氢的密度随着气体压力的增加而增大. 因此，在中等气压(本文均指 10^2 Pa～10^4 Pa 的气压)下，体系中主要的带电粒子应为 H_3^+. 这种分析结果和文献关于在低压($P<0.133$ Pa)回旋共振(ERC)等离子体反应器中 H_3^+ 可以被忽略的分析是一致的[129,130]. 有关研究[128]表明，在中等气压下的纯氢等离子体体系中，氢原子的浓度比

其他粒子浓度大几个数量级，如图 7.2 和图 7.3 所示.

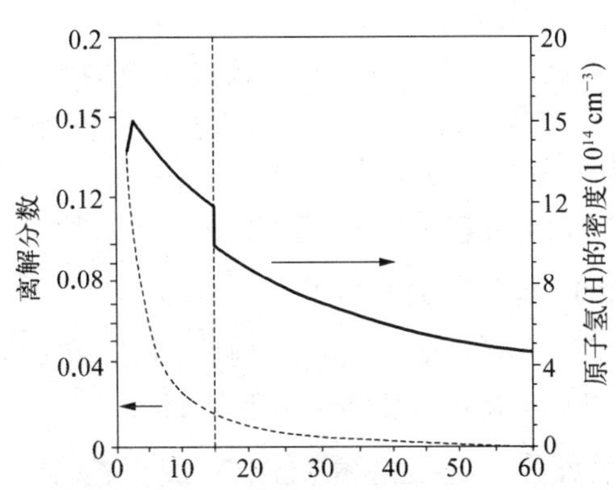

图 7.2　原子氢的密度随气压的变化

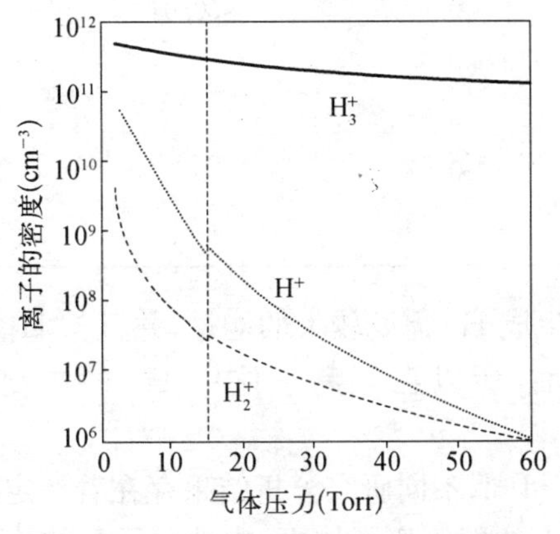

图 7.3　离子氢的密度随气压的变化

由电子激发使 H_2离解的阀能为 847 kJ/mol，使 H_2和 H 电离的阀能分别为 1 483 kJ/mol 和 1 310 kJ/mol[128]. 在气压相对较高（即几十到几千 Pa）的等离子体中，离解速率比电离速率大一个数量级. 即在弱电离的非平衡态氢等离子体中，在中等能量输入的情况下，主要的离解粒子可能是原子氢，由于产生正离子（H_3^+、H_2^+、H^+）所需的能量很高，其浓度应比较低.

表 7.2 中数据是氢异常直流辉光放电阴极鞘层区中 H_n^+ 的质谱分析的结果[131]，实验极间距为 30 mm，直流高压电源功率为 300 W，最高使用电压为 10 kV. 离子流中 H^+ 的信号均远大于 H_3^+. 微弱的 H_2^+ 信号仅在 133 Pa 气压下出现，在较高气压下，均未检测出明显的 H_2^+ 信号. 比较 H^+ 和 H_3^+ 的信号，可以看出 $i_{H^+}/\sum i_{H_n^+}$ 比值随气压升高而增加，压力高于 665 Pa 时，很难检测到 H_3^+. 在这样的压力范围内的直流辉光等离子体中主要离子可能是 H^+.

表 7.2　不同气压下离子物种及相对离子流强度

放电室 H_2 的压力/Pa	$i_{H^+}/\sum i_{H_n^+}$	$i_{H_2^+}/\sum i_{H_n^+}$	$i_{H_3^+}/\sum i_{H_n^+}$
133	0.90	<0.01	0.09
266	0.94		0.06
399	0.96		0.04
532	0.97		0.03
665	0.98		0.02

由于由 H_2 生成 H^+ 需要较大的能量，并且与 H_2 相比，H 具有较小的离子化截面，所以在等离子体中 H_2^+ 的浓度应大于 H^+ 的浓度[121].

由以上分析可知，不同研究分析结果存在着一定的差异，但总体来说，在非平衡态的氢等离子体中，中性原子氢的浓度比较大，其他离子氢的浓度相对较小.

7.3　不同氢粒子还原能力的分析

在氢等离子体体系存在的 8 种粒子中，可直接参加金属氧化物还原反应过程的粒子有分子态 H_2(包括基态 H_2 和激发态 H_2^*)、原子态 H(包括基态 H 和激发态 H^*)、H^+、H_2^+ 和 H_3^+. 这些氢粒子氧化生成 H_2O 的氧势如图 7.4 所示. 由图 7.4 分析表明,不同状态的氢粒子(不包括激发态的粒子)的还原势大小顺序为: $H^+ > H_2^+ > H_3^+ > H > H_2$. 这个还原能力大小顺序表明了 100% 的某种氢粒子的还原能力,而非平衡态等离子反应气体为这几种粒子的混合物,不同状态的氢粒子都有其各自的分布,并且其中非分子氢的比例相对较小. 虽然其中等离子体系中非分子态氢粒子的浓度较小,但其还原能力是很强的,本研究实验结果也表明,这些等离子体氢还原金属氧化物的能力要远大于分子氢.

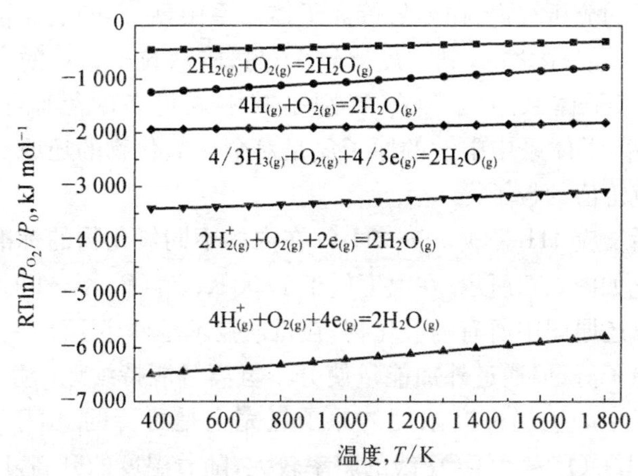

图 7.4 不同形态氢粒子生成 H_2O 的 ΔG^0-T 图

从微观价电子和键能理论的角度看,原子氢的价电子居于 s-轨道,当单原子氢接近另一个原子时,s-轨道上的电子很容易跃迁到使能量最小化的位置,完成化学反应. 氢离子是一个单质子,它不需要能量来破坏电子键,可以直接和其他原子构成新的分子. 氢分子离子(H_2^+)的结构中电子在成键的 σ1s 分子轨道中,组态为 H_2^+[(σ1s)],它的单电子键相对于 H_2 的双电子键弱得多,它们的键解离能分别为

269.3 kJ/mol和458.5 kJ/mol[132,133]，因此氢分子离子(H_2^+)比H_2更容易离解成原子参加反应. H_3^+要生成一单个的粒子(H或H^+)平均需要克服1/3个双电子键，这比H_2要提供一个单粒子需要克服1/2个双电子键要容易.

图7.4可以看出，由离子氢H^+、H_2^+和H_3^+生成H_2O的标准吉布斯自由能有较大的负值变化，其浓度虽然较小，但在热力学上会具有较强的还原势，可以和氧化物反应生成H_2O. 如果在低温冷等离子体中通过电子碰撞产生大量的离子氢，则等离子体的还原能力就能进一步增强. 含有较多H^+、H_2^+和H_3^+等离子氢的等离子体对于非常稳定的氧化物的还原可能具有很大的潜力.

前面的分析知道，在纯氢等离子体体系中，中性的氢原子是其中主要的活性粒子之一，其浓度比较大. 另外，从粒子存在的有效寿命而言，等离子体系中氢原子，特别是其中亚稳态的氢原子比较稳定[80]，等离子体系中中性的原子氢是对金属氧化物的还原具有重要化学反应价值的粒子.

包括反应$4H + O_2 \longrightarrow 2H_2O$在内的不同氧化物的标准生成自由能变化如图7.5所示. 在温度低于1 800 K、$P_H^2/P_{H_2O} = 1$时，原子氢几乎可以还原图中所有的氧化物. 在目前技术条件还不能产生1个大气压的原子氢，但通过外加能量使分子氢离解能持续地产生原子氢，在分子氢中产生局部高浓度的原子氢完全是可行的. 由于H/H_2O(反应$4H + O_2 = 2H_2O$)线的斜率较大，随着温度的升高，原子氢的还原能力降低. 随着气相中原子氢分压的降低，H/H_2O线的斜率增加得很快. 但即使在较低的原子氢分压($P_H/P_0 = 10^{-2}$，$P_0 = 1$ atm)下，原子氢对于图中大部分的氧化物(包括Cr_2O_3、MnO、SiO_2，温度低于1 400 K)也是非常有效的还原剂. 局部平衡比率P_H^2/P_{H_2O}的标尺如图7.5中所示. 氢等离子体和氧化物反应界面上局部平衡比率P_H^2/P_{H_2O}的值可以由图7.5得到. 分析其他等离子态的氢粒子可以作出与图7.5相类似的图形来.

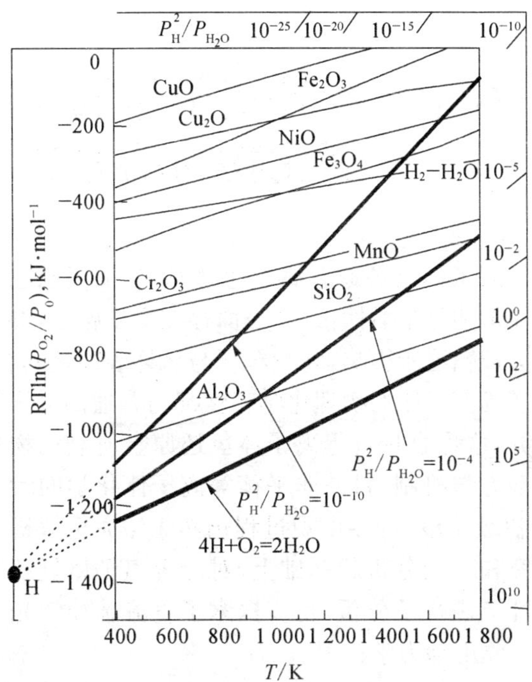

图 7.5　不同氧化物的标准生成吉布斯自由能[10]

7.4　小结

在非平衡冷氢等离子体中存在的主要活泼粒子包括 H、H^+、H_2^+ 和 H_3^+，其中中性的原子氢的浓度较高，其他氢粒子的浓度相对较小. 通过热力学计算知道这几种等离子态氢粒子还原势的大小顺序为：$H^+ > H_2^+ > H_3^+ > H$. 虽然等离子体系中离子氢的浓度较小，但它们在热力学上具有更强的还原势. 含有较多 H^+、H_2^+ 和 H_3^+ 等离子氢的等离子体对于非常稳定的氧化物的还原可能具有很大的潜力. 具体考察了氢等离子体中原子氢的还原能力，原子氢可以在比较低的温度下还原稳定的氧化物如 Cr_2O_3、MnO、SiO_2 等.

第八章　冷等离子体氢还原氧化物的动力学

利用冷等离子体氢还原金属氧化物时，参加还原过程的氢粒子具有很高的能量和化学活性，试样表面存在离子鞘层，穿过鞘层的粒子运动状况会被鞘层所影响，高能粒子与试样表面之间会发生碰撞，这些非平衡态等离子体的物理化学特性都与普通的分子氢还原过程有很大的差异，这也意味着等离子体氢还原金属氧化物具有独特的微观和宏观动力学机制. 目前非平衡等离子体化学的大多数研究还处在定性的初级阶段，许多微观过程仍然无法完全解析. 基于此，在前面实验研究和理论分析的基础上，对冷等离子体氢还原金属氧化物过程组成环节进行了分析，初步探索了直流脉冲辉光等离子体氢还原金属氧化物的动力学机理.

8.1　冷等离子体氢还原氧化物反应的组成环节

冷等离子体氢还原金属氧化物的反应为等离子体相与固相间的反应，由氢等离子体相、还原金属层以及近似平板型的金属氧化物试样构成的还原体系抽象模型如图 8.1 所示. 其中，C_{H_p}——中性的等离子体相中氢粒子的浓度；C_{H_0}——试样表面氢粒子的浓度；C_{H_i}——还原反应界面上氢粒子的浓度；$C_{H_{平}}$——还原反应界面上氢粒子的平衡浓度；C_{MeO}——金属氧化物的浓度.

有关研究表明[62]，在相同温度下，氢粒子的扩散系数是固相中氧原子扩散系数的几百倍. 因此，对于冷等离子体氢还原金属氧化物可以得出以下还原历程：等离子体相中的氢粒子首先和试样表面的金属氧化物发生还原反应，生成金属和 H_2O；随着还原反应的进行，反

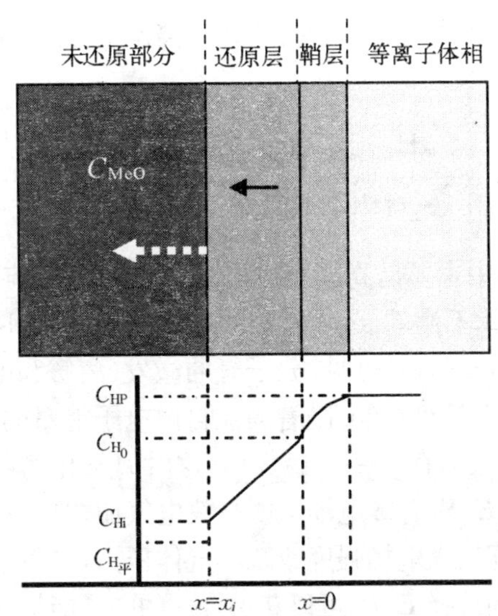

图 8.1　等离子体氢还原氧化物反应机理模型示意图

应界面逐渐由表面向内部推移，氢粒子扩散穿过产物金属层，到达反应界面上氢粒子继续还原氧化物.

整个还原历程主要包括以下环节：

(1) 在等离子体相中分子氢被离解、电离为活泼的原子氢和离子氢；

(2) 原子氢在试样表面的外扩散及正离子氢在鞘层内被电场加速；

(3) 活泼的氢粒子在产物表面的吸附、溶解，并向内扩散；

(4) 在反应物-生成物界面(MeO - Me)上的还原反应；

(5) 反应界面上生成的气体产物 H_2O 透过还原物层(Me)向表面移动或扩散；

(6) 气体产物 H_2O 在试样表面脱附，溶入气相.

以上各个环节具体分析如下：

(1) 分子氢离解、电离为原子氢和离子氢在氢等离子体中存在的主要激发、离解和电离过程可用以下反应表示[58]：

$$H_2 + e^* \longrightarrow H_2^* + e \begin{cases} H_2 + h\nu + e \\ 2H\cdot + e \end{cases} \qquad H_2 + e^* \longrightarrow H_2 + e^* \begin{cases} H_2^+ + 2e \\ H\cdot + H^+ + 2e \end{cases}$$

在等离子体中主要是高能自由电子(e^*)推动反应向右进行，形成单原子 H·(·表示不满的 s-轨道)和带电离子(H^+、H_2^+ 等)，同时反应生成能量降低的电子(e). 可见，分子氢的激发、离解和电离主要受高能电子能量的大小和浓度控制. 随着高能自由电子能量的变化，分子氢和原子氢的离子化截面存在一个最大值，这时离子化的程度最大[121]. 有关理论表明[51]：E/P(有效电场强度与放电气压之比)和自由电子的平均动能成比例，即增大电场强度或减小气体压力，自由电子的平均动能增大. 通过适当的选择 E/P，可以获得合适的电子能量.

在一个纯氢等离子的体系中，随 E/P 的变化通过不同的方式(弹性碰撞、辐射、电离等)所消耗的功率分数如图 8.2 所示[51]. 其中：E 为有效场强，P 为体系的压力，E/P 和电子的平均动能成比例. 由图

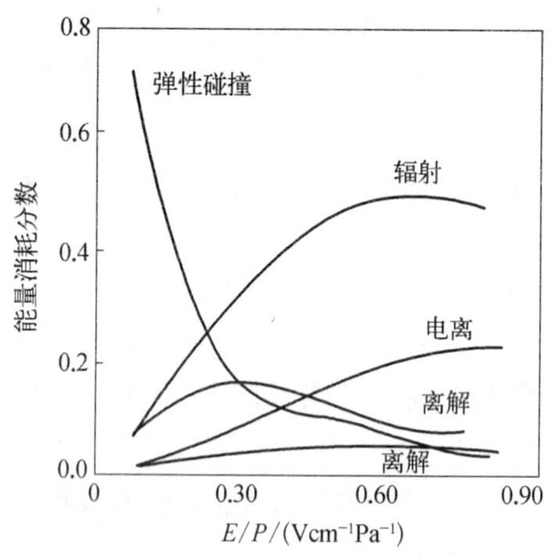

图 8.2　氢等离子体中不同过程的能量分配[41]

8.2 可以看出：对于低的电子能量（如低场强或高气压），输入功率主要由弹性碰撞所消耗；随着电子能量的增加，离解过程（形成活性基团和激发态的分子）消耗的能量逐渐增大. 如果电子的能量被进一步提高，电离过程消耗的能量逐渐增大. 通过调整压力和场强可以获得不同浓度的活泼氢粒子.

在氢等离子体系中，气体放电开始后，H_2 分子就会在电子碰撞的作用下离解出各种粒子. 这些粒子的活性很高，考虑到气相中的二次反应以及与器壁发生的表面反应，可以得到关于粒子分压的方程. 放电空间的粒子连续性方程[104]：

$$\frac{\partial n}{\partial t} + \nabla \cdot (n\vec{u}) = g - l \tag{8.1}$$

其中，右边的 g、l 分别为每秒内单位体积中粒子由电离而产生、由复合而湮灭的比率. 对上述方程作体积积分，得到粒子分压的方程[85]：

$$V\frac{\mathrm{d}p_j}{\mathrm{d}t} = G' - L' - sp_jA - p_jS \tag{8.2}$$

V 为放电空间的体积，L；A 为表面积，m^2；S 为排气速度，L/s；G' 为气体分子或其他类的粒子在电子碰撞作用下生成 j 类粒子的比率，也包括当气相中二次反应（离子-分子、基团-基团反应等）显著时的二次反应生成 j 种基团的比率；L' 表示 j 种基团由电子碰撞发生离解或被电离，以及由基团-分子反应等二次反应而消失的比率；右边的第三项表示到达器壁的基团以附着率 s 在器壁表面的损失，一般认为对于活泼的电子或离子，$s=1$，而对于中性的稳定粒子，$s=0$. 对于不同的种类的粒子应用上述方程，可以建立联系各种粒子间相互作用的非线性联立方程组. 原则上可以通过以上的联立方程组的求解来各种粒子的分压.

讨论金属氧化物还原过程的动力学时，在一定的放电条件下，可以假定等离子体相中活性氢粒子的浓度是一个常数.

（2）原子氢在试样表面的外扩散及正离子氢在鞘层内被电场加速

处于等离子体中的金属氧化物试样周围会形成离子鞘层，在试样表面附近电势和各种粒子的浓度分布如图 8.3 所示，其中 n_0 表示等离子体的密度，n_e 为电子的密度，n_i 为氢离子的密度，n_s 为鞘层边界处的氢粒子密度. 由于等离子体中不同粒子运动性的不同，金属氧化物颗粒表面积累电子而呈负电势，积累的负电荷会排斥向氧化物试样表面运动的高能电子，导致金属氧化物颗粒表面附近的高能电子较少，从而影响金属氧化物颗粒表面附近由高能电子的碰撞产生的活泼氢粒子的浓度. 而在等离子体相中的活泼氢粒子的浓度相对较大，在这个浓度梯度的驱动下，等离子体相中的活泼氢粒子会扩散穿过离子鞘层到达金属氧化物表面. 其中带电离子氢还会在库仑力作用下加速撞击试样表面. 试样表面活泼氢粒子的数量（浓度）受浓度梯度和各种氢粒子的扩散系数所影响. 而这个浓度梯度与试样本身相对于等离子体相的电势有着密切关系.

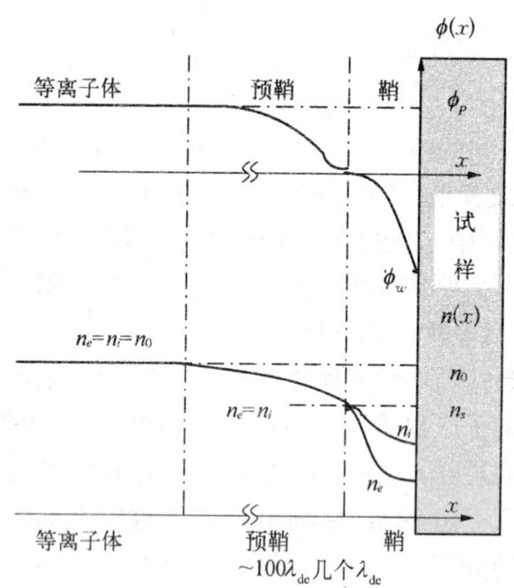

图 8.3　准中性等离子体在预鞘层和鞘层之间的电位及带电粒子数密度图

(a) 中性的原子氢

很显然,从中性的等离子体相到试样表面,中性的氢原子由于浓度梯度的驱动,会向试样表面扩散,试样表面的中性原子氢的浓度取决于这个浓度梯度和在离子鞘层中原子氢的扩散系数,这个一维扩散过程可以用 Fick 第二定律来描述:

$$\frac{\partial C_{Hp}(x,\ t)}{\partial t} = D_{Hp}\frac{\partial^2 C_{Hp}(x,\ t)}{\partial x^2} \tag{8.3}$$

其中 D_{H_p} 表示原子氢在试样表面离子鞘层中扩散系数.

当试样表面鞘层和中性氢原子的浓度稳定时,试样表面离子鞘层中原子氢的通量可以用稳态的 Fick 第一定律来表示为:

$$J_{H_0} = -D_{Hp}\frac{dC_H}{dx} \tag{8.4}$$

(b) 带电的离子氢

在假设的无碰撞稳定鞘层中,离子的通量可以用玻姆速度 v_B 来求. 等离子体与固体试样接触时形成的离子鞘层,在鞘层边界处的密度为 $n_s = 0.605n_0$,即下降到等离子体区域的 60.5%[104].

在鞘层边界处的离子密度等于玻姆速度 v_B,指向试样表面的离子通量为:

$$J_i = n_s v_B = 0.605n_0\sqrt{kT_e/m_i} \tag{8.5}$$

鞘层的加速情况决定了离子氢到达试样表面能量的大小,这个能量与金属氧化物的还原速率及最终还原厚度有密切关系. 因为高能离子的碰撞会使表面产生很多反应活性点,会大大缩短表面结晶化学反应的诱导期,促进新相晶核形成和长大以及还原产物层中氢粒子的扩散,同时离子能量的大小还影响活性氢粒子在试样中的穿透深度. 在鞘层中离子的动能可以从能量守恒定律得到[104]:

$$\frac{1}{2}m_i v_i^2(x) + e\phi(x) = \frac{1}{2}m_i\phi_i^2(0) \tag{8.6}$$

所以当离子到达试样表面的能量为：

$$E_i = \frac{1}{2}m_i v_i^2(x) = \frac{1}{2}m_i v_i^2(0) - eu_w \tag{8.7}$$

其中 u_w 为试样表面鞘层内的电势差. 由上式可以看出，氢离子的能量与试样表面鞘层内的电势差（u_w）有关系，随着试样表面电位（ϕ_w）的降低，到达试样表面的带电氢离子的能量增大.

式(8.7)中：$v_i(0) = \sqrt{\frac{kT_e}{m_i}}$ [104]，所以

$$E_i = \frac{1}{2}m_i v_i^2(x) = \frac{1}{2}kT_e - eu_w \quad (u_w < 0) \tag{8.8}$$

在试样电势（u_w）不随时间变化时，即试样表面的离子鞘层稳定的情况下，到达试样表面活性氢粒子总的通量为：

$$\begin{aligned} J_{\mathrm{H}} &= J_{\mathrm{H_0}} + J_i + J(E_i) \\ &= -D_{\mathrm{H}p}\frac{\mathrm{d}C_{\mathrm{H}}}{\mathrm{d}x} + 0.605n_0\sqrt{kT_e/m_i} + J(E_i) \end{aligned} \tag{8.9}$$

$J(E_i)$ 表示与粒子能量有关的折合有效通量.

实际上，从等离子体相到试样表面，离子氢的通量不仅与鞘层中浓度梯度、离子氢的扩散系数有关，还受试样表面电势的制约. 从前面几章的实验结果知道，随着还原的进行试样电势是不断变化的，即试样表面的离子鞘层是不断变化的. 试样表面鞘层电势的变化，不仅使到达试样表面活性粒子的宏观总量变化，而且使到达试样表面的离子氢的能量也在相应发生改变，进而影响着还原速率的变化. 在考虑试样表面离子鞘层随时间变化的情况下，到达试样表面活性氢粒子的有效通量可以表示为：

$$J_{\mathrm{H}}(t) = J_{\mathrm{H_0}}(t) + J_i(t) + J(E_i, t) \tag{8.10}$$

$J_{\mathrm{H_0}}(t)$、$J_i(t)$ 和 $J(E_i, t)$ 分别表示随时间的变化，到达试样表面中性原子氢通量、离子氢的通量以及与粒子能量有关的折合有效

通量.

(3) 活泼的氢粒子在产物表面的吸附、溶解,并向内扩散

活泼的等离子体氢在固体金属产物层的内扩散过程也可以用 Fick 第二定律来描述:

$$\frac{\partial C_{Hp}(x,\ t)}{\partial t}=D_{H}\frac{\partial^{2}C_{Hp}(x,\ t)}{\partial x^{2}} \tag{8.11}$$

D_H 表示氢粒子在产物金属层中的扩散系数. 这时的活泼氢粒子扩散系数和等离子体气相中不同,因为金属对活泼氢粒子的碰撞重新复合起着催化作用,等离子体氢在金属表面的接触时必然引起碰撞损失.

(4) 在 MeO - Me 界面上的化学反应

界面上的化学反应一般分为新相晶核的生成和长大两个步骤. 对于多相反应过程,结晶-化学反应发生在相界面上. 对于传统的气-固还原反应,在反应的开始,新相晶核的生成和长大有可能成为开始阶段的限制性环节. 但对于等离子体氢还原金属氧化物,一方面根据前一章热力学分析知道等离子体氢比分子氢的还原势大得多;另一方面高能量的活泼氢粒子会碰撞、轰击试样表面产生很多活性点,使新相的生成变得容易. 因此,利用等离子体氢还原氧化物时,认为界面化学反应不会成为限制性环节.

对于等离子体氢还原金属氧化物的化学反应可简化地表示为:

$$MeO_{(s)}+2H_{(g)}\longrightarrow Me_{(s)}+H_{2}O_{(g)} \tag{8.12}$$

在 Me/MeO 界面上单位面积的还原速率可表示为:

$$v_{MeO}=v_{H}/2=v_{H_2O}=-C_{MeO}\frac{dx_{i}}{dt} \tag{8.13}$$

这里, v_H 为反应界面上氢粒子的消耗速率. 上述的速率方程式没有考虑试样表面在直流等离子体场中的阴极溅射效应,假设还原后的金属产物层厚度不会因表面的溅射而减小. 实际上,在还原过程中离子

阴极溅射一直在发生.

(5) 反应界面上生成的气体产物 H_2O 透过还原物层(Me)向表面移动或扩散

相对于参加还原的氢粒子来说,产物 H_2O 分子较大,所以生成层的微观结构会影响着 H_2O 分子的向外扩散,进一步影响着界面上还原反应的平衡程度. 如果生成层是疏松多孔结构,生成的 H_2O 分子能迅速地向外扩散离开反应界面,减小反应界面上的 H_2O 分压,这就有利于还原反应进行. 反之,生成金属层是孔隙较小的致密结构,虽然较小的氢粒子可以从外面扩散到反应界面,但生成的 H_2O 分子不易扩散离开反应界面,随着反应的进行,界面上 H_2O 分压的增大,会严重影响还原反应的进一步进行.

反应气体产物 H_2O 在固体金属产物层的内扩散过程用 Fick 第二定律来描述为:

$$\frac{\partial C_{H_2O}(x,\ t)}{\partial t} = D_{H_2O}\frac{\partial^2 C_{H_2O}(x,\ t)}{\partial x^2} \tag{8.14}$$

(6) 气体产物 H_2O 在试样表面脱附、溶入气相

还原反应生成的水分子要从反应体系中去除,它必须扩散穿过离子鞘层到等离子体相中,一般说来,水分子直到离开离子鞘层之前,将不会和具有足够能量的电子相互作用而发生离解反应,这是由于试样表面负电势库仑斥力降低了到达试样表面的电子能量的缘故. 但扩散到等离子体相中,水分子和高能电子相互作用,发生如下反应:

$$H_2O + e^-(\text{高能的}) \longrightarrow H\cdot + OH\cdot + e^- \tag{8.15}$$

这里的·表示一个未成对电子. 活性粒子 OH· 能扩散回氧化物表面,在这里它能和表面的 H· 反应而阻止氧化物的还原. 然而,这个活性粒子的未成对价电子占据 p-轨道,和表面活性粒子 H· 的反应将由于空间冲突(空间位阻效应)而被阻止. 此外,H 和 OH 的结合强度比 H-H 结合大 14%[51]. 这样,就可以通过调整等离子体中平均电子能量的分布,使碰撞过程更有利于 H-H 结合. 活性粒子 H· 和 OH· 的

浓度能被控制[51]. 产物 H_2O 从反应界面上传输到外界气相中，是由气相和反应界面上的浓度梯度驱动的. 通过控制反应气体的流速，把生成的产物 H_2O 迅速带离反应体系，对于消除逆反应的发生是很重要的.

8.2 冷等离子体氢低温还原氧化物的动力学分析

由前面实验研究结果知道当金属氧化物直接放置于阴极板上时，还原层厚度随时间的变化呈拉长的 S 型变化，如图 4.7 和图 5.6 所示.

按照气/固反应的自动催化理论，用普通的分子态气体还原固体氧化物时，也有类似本实验中得到的 S 型曲线. 被多数人接受的解释是：第一阶段（Ⅰ区）速率限制性环节是新相晶核的形成，第二、三阶段（Ⅲ区）的速率变化取决于新旧相界面面积的大小. 而等离子体氢还原反应由于其作用机理的差异，限制性环节亦有区别. 本研究中通过施加直流电场来强化氢的还原能力，还原过程亦出现了“缓慢—加速—缓慢”三个阶段的变化. 由前面的实验结果分析知道，由于高能氢粒子对试样表面的碰撞，产生更多的活性点，使新相晶核的形成变得很容易，因此新相的形成不会成为整个还原反应的限制性环节，前两个阶段的反应速率主要受制于到达氧化物表面氢活性粒子流的浓度或通量，如果阻碍或限制活性粒子流通量，反应会在一个很长时间内维持很低的速率进行，这已被本研究所证实. 随着还原的进一步进行，表面的产物金属层加厚，由于在低温还原时形成的金属颗粒较小，金属产物层比较致密，等离子体氢还原氧化物第三阶段的速率限制性环节可能是产物金属层中氢粒子向反应界面的内扩散. 特克道根在进一步分析 Mckewan 测定的致密 Fe_2O_3 烧结球团（$\rho = 5\,g/cm^3$）在压力为 0.25～40 atm 的氢气中还原实验数据指出，还原率达到约 50%以后，还原过程的速率可能由气体在产物铁层中的扩散所控制[134].

对于反应的前两个阶段，到达氧化物表面活性氢粒子流的通量是反应的限制性环节时，当外扩散和界面反应处于局部准稳态时，在反应界面上 $J_{\mathrm{H}}(t)=-v_{\mathrm{H}}$，即有：

$$J_{\mathrm{H}}(t)=2C_{\mathrm{MeO}}\frac{\mathrm{d}x_i}{\mathrm{d}t} \tag{8.16}$$

即：

$$\frac{\mathrm{d}x_i}{\mathrm{d}t}=\frac{1}{2C_{\mathrm{MeO}}}J_{\mathrm{H}}(t) \tag{8.17}$$

对上式积分可以得到还原层厚度随时间的变化关系. 当试样直接放置于阴极上时，在反应的开始阶段试样相当于一个绝缘体，它表面形成的鞘层电压仅为 $\mathrm{T_e[V]}$ 的数倍[104]，这个鞘层电压相对于直流电场下的阴极鞘层电压小得多，对穿过鞘层的离子加速作用是相对较小的；另外，在试样下面阴极表面强电场的作用下，部分氢离子会偏离试样而向阴极表面运动，$J_{\mathrm{H}}(t)$ 具有一个较小的值，因而反应开始阶段还原速率较小. 随着还原的进行，当试样表面逐渐被还原为金属导电层，试样就和下面的阴极之间的电势差逐渐变小，即试样表面电势逐渐降低，而试样表面鞘层的压降随之增大，直至试样表面与阴极完全导通，这时相当于给试样加了一个很高的负偏压. 试样表面的离子鞘层转变为高电压阴极鞘层，在试样表面较强电场的作用下，更多的氢离子在鞘层内被加速到更大的能量撞击到试样上，从而使还原反应速率增大，即 $J_{\mathrm{H}}(t)$ 随着还原的进行逐渐增大.

当试样表面与阴极完全导通后，在一定的放电条件下，试样表面存在一个稳定的阴极鞘层. 在 Me/MeO 界面上的氢粒子和金属氧化物间的化学反应进行得很快，并假设：(1) 忽略在被还原的金属层中原子氢的损失；(2) 虽然 Me/MeO 界面由表面向里逐渐推进，但和等离子体氢的扩散相比较，认为界面是静止的(准静态假设). 这时被还原的金属层中氢粒子的内扩散会成为整个过程的限制性环节.

由假设(2)可知，被还原金属层中氢粒子的通量(J_{H})可以用稳态的 Fick 第一定律来表示为：

$$J_{\mathrm{H}}=-\frac{D_{\mathrm{H}}}{x_i}(C_{\mathrm{H}_i}-C_{\mathrm{H}_0}) \tag{8.18}$$

其中，D_{H} 是产物金属层中氢粒子的扩散系数.

根据准稳态假设，在反应界面上 $J_{\mathrm{H}}=-v_{\mathrm{H}}$. 由假设(1)可知，与 C_{H_0} 相比较，C_{H_i} 很小可以忽略. 因此，可以得到：

$$J_{\mathrm{H}}/2=-\frac{D_H}{2x_i}(0-C_{\mathrm{H}_0})=C_{\mathrm{MeO}}\frac{\mathrm{d}x_i}{\mathrm{d}t} \tag{8.19}$$

对(8.1)式积分，可以得到 MeO 被还原深度随时间(t)的变化关系：

$$x_i=\left(\frac{D_{\mathrm{H}}C_{\mathrm{H}_0}}{C_{\mathrm{MeO}}}\right)^{\frac{1}{2}}\sqrt{t} \tag{8.20}$$

还原层厚度随时间的变化趋势与等离子体的放电参数直接相关的，加速阶段直接起因于试样表面鞘层电压的变化. 因此，从本质上来说，离子鞘层电压值变化的大小以及等离子体体系中含有的离子密度直接影响了还原过程的加速情况. 开始加速的时间与试样的高度、等离子体的密度，加速阶段的长短与电压变化决定的加速离子的能量、离子的数量，最终达到的还原层厚度与加速离子的能量决定的穿透厚度都有着密切的关系.

8.3　不同氢粒子还原金属氧化物的动力学比较

等离子体氢和传统的热分子氢还原金属氧化物过程的动力学组成环节比较如表 8.1 所示. 两种不同状态的氢粒子还原金属氧化物时，在动力学组成环节上主要有两点不同，一是利用等离子体氢还原时的分子氢离解为原子氢以及原子氢的电离过程发生在气相中，部分原子氢参加还原时的电离发生在反应界面上；而利用分子氢还原时，分子氢化学吸附、离解和电离发生在试样表面的活性点上；二是利用等离子体氢还原时试样表面存在离子鞘层，而分子氢还原的试样表面存在的是气相浓度边界层.

表 8.1 分子氢和等离子氢还原金属氧化物组成环节的比较

分子氢还原金属氧化物	等离子体氢还原金属氧化物
	(1) 在等离子体相中,氢气分子离解、电离为等离子体氢;
(1) H_2穿过边界层的外扩散;	(2) 等离子体氢穿过离子鞘层的外扩散;
(2) H_2穿过生成物层 Me 的内扩散;	(3) 等离子体氢在生成物层(Me)内扩散;
(3) 在反应物和生成物界面(MeO-Me)上的化学反应;	(4) 在反应物-生成物界面(MeO - Me)上的化学反应;
(4) 气体反应产物 H_2O 穿过 Me 层的内扩散;	(5) 反应产物 H_2O 穿过生成物层(Me)的内扩散;
(5) H_2O 穿过气流边界层的外扩散.	(6) 气体产物H_2O穿过离子鞘层的外扩散.

利用冷等离子体氢还原时,改变了直接参加还原反应的粒子状态,使一些微观步骤在气相中完成,并提高了直接参加反应的粒子的能量,即反应活性提高. 离子鞘层代替试样表面的浓度边界层,使到达试样表面的氢粒子得到更高能量,碰撞试样产生更多的活性点,促进氢粒子的表面吸附、扩散等,改变了传统热分子氢还原微观反应环节. 从另一个侧面来说是这些变化提高了氢粒子的化学反应活性、降低了反应进行所需的活化能,从而强化了氢还原金属氧化物的能力.

要充分利用冷等离子体氢强化还原氧化物的能力,在设计反应器时应考虑到活性氢粒子的复合机制和等离子体氢和氧化物反应界面的充分接触,以保证有效的活性氢粒子的浓度和整体还原强度. 在氢等离子体系中,离解、电离产生的各种活泼的氢粒子很容易复合消失,复合主要是通过三体碰撞反应 ($H + H + H \longrightarrow H + H_2$, $H + H + H_2 \longrightarrow 2H_2$) 及这些粒子和器壁的碰撞引起的[3]. 三体碰撞是放电气体的内部机制，是无法控制的. 而在等离子体反应器内壁上发生的表面碰撞复合的程度因器壁材料不同有相当大的差别. Flamm[135]估计了氟原子(F)在不同材料上的损失概率，氟原子(F)在铜、锌表面的损失概率很大，而在石英、刚玉等材料上的损失很小，见表 8.2. 实验研究中应采用石英玻璃等损失概率小的材料作为反应室.

表 8.2　F 原子在不同材料上的损失概率[135]

材　　料	温度，K	损　失　概　率
刚玉	300	6.4×10^{-5}
石英	300	1.3×10^{-4}
硼硅酸耐热玻璃	300	1.6×10^{-4}
钢铁	300～470	2.8×10^{-4}
钼	300	4.2×10^{-4}
镍	300	7.2×10^{-4}
铝(0.1%Cu)	300～560	1.8×10^{-3}
紫铜	300～570	>0.011
黄铜	300	>0.05
锌	300	>0.2
聚四氟乙烯(绝缘材料)	300	$<7\times10^{-5}$

为了保持气相中活泼的等离子体氢与氧化物反应界面的充分接触，被还原的金属粒子应适时地移出等离子体区. 由前面的实验研究知道，当等离子体氢还原氧化物进行到一定厚度之后，可能由于氢粒子在反应产物层向反应界面的扩散成为还原过程的限制性环节，使反应的进一步进行变得比较困难. 因此要实现等离子体氢还原应用规模的扩大，氧化物颗粒的尺寸也是一个重要参数. 要确保合理的还原强度，氧化物应为细粉末态，颗粒的大小应选择在等离子体氢能迅速还原作用的范围之内.

8.4 小结

本章就冷等离子体氢还原金属氧化物的动力学环节做了分析，具体针对直流脉冲电场下产生的辉光等离子体氢还原实验结果进行了讨论，并和传统的分子氢还原作了比较. 利用等离子体氢还原金属氧化物不仅改变了参加还原反应的氢粒子的状态，而且分子氢还原时的试样表面浓度边界层被等离子体鞘层所代替. 这些与传统的热分子氢还原不同，改变了传统气-固还原反应的动力学环节，促进了还原反应的进行. 与传统的气/固反应的自动催化理论不同，本研究中通过施加直流电场来强化氢的还原能力，还原过程亦出现了“缓慢—加速—缓慢”三个阶段的变化. 前两个阶段的反应速率主要受制于到达氧化物表面活性氢粒子流的通量，可以用以下方程进行描述：

$$\frac{\mathrm{d}x_i}{\mathrm{d}t}=\frac{1}{2C_{\mathrm{MeO}}}J_{\mathrm{H}}(t)$$

随着还原层厚度的增加，还原速率限制性环节转变为氢粒子在还原金属层中的传质，还原层厚度随时间的变化可以用抛物线方程来描述，具体方程为：

$$x_i=\left(\frac{D_{\mathrm{H}}C_{\mathrm{H}_0}}{C_{\mathrm{MeO}}}\right)^{\frac{1}{2}}\sqrt{t}$$

要充分利用冷等离子体氢强化还原氧化物的能力，在设计反应器时应考虑到活性氢粒子的复合机制和等离子体氢和氧化物反应界面的充分接触，以保证有效的活性氢粒子的浓度和整体还原强度. 为了保持气相中活泼的等离子体氢与氧化物反应界面的充分接触，被还原的金属粒子应适时地移出等离子体区. 由前面的实验研究知道，当等离子体氢还原氧化物进行到一定厚度之后，可能由于氢粒子在反应产物层向反应界面的扩散成为还原过程的限制性环节，使反应的进一步进行变得比较困难. 因此要实现等离子体氢还原应用规模的扩大，氧化物颗粒的尺寸是一个重要参数. 要确保合理的还原强度，氧化物应为细粉末态，颗粒大小应选择在等离子体氢能迅速还原作用的范围之内.

第九章　冷等离子体氢强化氧化物还原的机理

前面的实验研究表明，在传统的分子氢不能还原的低温、低气压条件下，非平衡冷等离子体氢实现了金属氧化物的快速还原. 这说明等离子体氢能强化金属氧化物的还原过程. 本章主要对非平衡态等离子体氢还原金属氧化物过程从热力学和动力学角度做进一步的分析，以求对等离子体氢还原的机理有更深刻的理解和认识.

9.1　热力学耦合

冷等离子体氢还原金属氧化物的热力学耦合可描述如下：

分子氢还原：$MeO + H_{2(g)} = Me + H_2O_{(g)} \quad \Delta G_1^0 > 0$　　(9.1)

分子氢的激活：$H_{2(g)} = 2H_{(g)} \quad \Delta G_2^0 \gg 0$　　(9.2)

热力学耦合(9.1)式减去(9.2)式得：

$$MeO + 2H_{(g)} = Me + H_2O_{(g)} \quad \Delta G_3^0 = \Delta G_1^0 - \Delta G_2^0 < 0 \quad (9.3)$$

从上面的反应式(9.2)可以看出，分子氢激活反应的 $\Delta G_2^0 \gg 0$，说明激活反应需要从外界得到能量才能进行. 在外加电场的作用下冷氢等离子体中高能电子会推动反应(9.2)向右进行：

$$H_2 + e^* = 2H + e \quad (9.4)$$

在等离子体中的高能自由电子(e^*)推动反应(9.2)向右进行形成活性的氢粒子，同时生成一个能量降低的电子(e). 反应(9.4)是放电等离子体中非常重要的电子反应，在整个还原反应过程时，需要把等离子体中的电子反应与传统的化学反应综合考虑，即经典的化学反应工程概念和等离子体化学相耦合.

这种在电场下通过高能电子的碰撞导致的分子氢的离解过程比传统的热离解更有效,并且生成的氢粒子能量更高、更活泼[104].以分子氢离解为原子氢为例,这是因为分子氢热离解 ($H_2 \longrightarrow H+H$) 所需的能量为 4.5 eV,而高能电子 e^* 碰撞离解 ($e^* + H_2 \longrightarrow H+H+e$) 所需的能量为 8.8 eV,大于热离解所需的能量,二者能量差值的一半高达 $(8.8-4.5)/2 = 2.15$ eV 的动能被原子 H 所获得,因此这样产生的原子氢能量更高、更活泼.

即使在较低的温度下,通过以上的热力学耦合,可以使氢还原金属氧化物的反应的自由能变化变得更负.由于和冷等离子体接触的金属氧化物试样的温度取决于其中重粒子的温度,因此反应试样的温度保持在一个较低的水平上,这样使热力学上必须在相当高温度下进行的还原反应可在较低的温度下进行.

9.2 反应的活化能

不同氢粒子还原金属氧化物的活化能变化示意图如图 9.1 所示.虽然反应 $H_2 + MeO = Me + H_2O$ 只能在很高的温度下进行,但是当

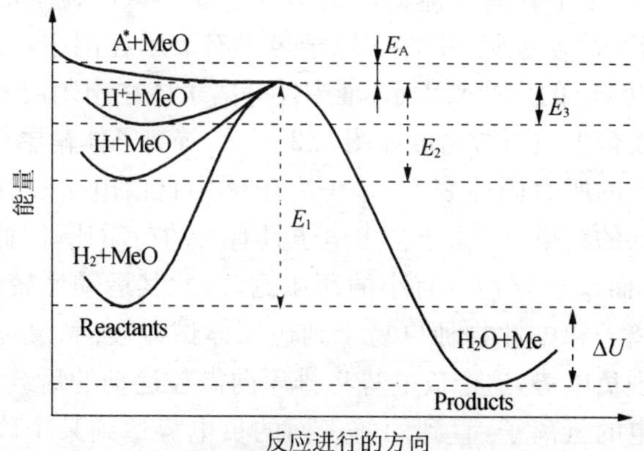

图 9.1 不同氢粒子还原金属氧化物反应的活化能变化示意图

分子氢被转化为活泼的等离子体氢(包括原子态和离子态,基态和激发态)时,这些活性粒子的能量很高,当它们直接参加还原反应时,还原反应所需的活化能很小(如 E_2 和 E_3),甚至为 0 或负值(如 E_A). 因此,是这些活性粒子激发了反应的发生. A^* 表示具有更高能量的活泼氢粒子. 这样,对反应活化能大且反应速度很慢的、但热力学上可能进行的反应,通过激发等离子体状态产生反应活性基团来减小活化能,使增大反应速度成为可能.

9.3 等离子体鞘层的作用

等离子体氢还原金属氧化物的反应为多相反应,等离子体相中活泼的氢粒子首先和金属氧化物(MeO)的表面进行还原反应,生成金属(Me)和 H_2O. 随着还原反应的进行,反应界面逐渐由表面向内部推移,氢粒子扩散穿过金属层(Me),到达界面上的氢粒子继续还原 MeO. 参加还原过程的氢粒子浓度和活性的大小会直接影响还原速率.

如图 9.2 所示,处于等离子体中的金属氧化物试样周围会形成等离子体鞘层. 由于等离子体鞘层的形成主要与带电粒子的运动和分布有关,为了简便起见,中性的原子氢没有表示在图中,并且所有的离子氢均以 H^+ 的形式来表示. 准中性等离子体在预鞘层和鞘层之间的电位以及带电粒子数密度如图 8.3 所示. 等离子体鞘层形成于和等离子体接触的所有固体表面,是等离子体中自由电子和其他重粒子运动性不同的结果[80]. 由于自由电子具有大的荷质比,因此具有较高的运动性;而离子物种具有小的荷质比,因此其运动性较低. 结果自由电子比离子和中性物种更易于到达固体试样表面. 最终固体试样表面将呈现负电势,这个负电势将排斥向微粒运动的后续电子,同时吸引带正电的氢离子,直到固体表面的负电势达到某个确定的值使氢离子流和电子流相等为止. 这样,就在试样表面形成一层氢离子浓度大于电子浓度的离子鞘层,如图 9.2 所示. 对于本研究所用的非平衡等离子体，其中高能电子的平均能量在几个 eV，当试样孤立和绝缘时，穿越试样表面离子鞘层的压降一般在 −10 V 的量级[136].

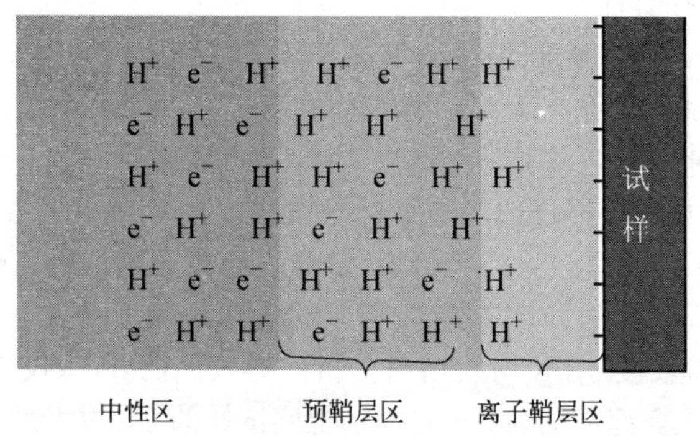

图 9.2　试样表面形成的等离子体鞘层示意图

一方面，穿过离子鞘层的电子由于库仑斥力而被减速，只有具有最大初始能量的电子才能穿过离子鞘层到达试样表面，这样就减小了试样表面附近高能电子的数量，由高能电子碰撞产生的活性氢粒子的数量也变小. 如果适当的提高试样表面的电势，即减小试样表面离子鞘层的电压降，穿过离子鞘层到达试样表面附近的高能电子数量会增大，从而在试样表面附近产生较多的活性氢粒子，提高还原强度.

另一方面，穿过离子鞘层的正氢离子会被加速碰撞试样表面，离子鞘层的电压降越大，加速作用越明显. 采用适当的方式降低试样表面的电势，进一步增大离子鞘层的压降，从而使穿过鞘层的氢离子具有更大的能量撞击试样表面，使更多的离子氢参加还原过程，同样也可以提高还原强度.

(1) 提高试样表面电势，减小鞘层压降

由上面的分析知道，放置在等离子体中的试样相对于等离子体相会呈现负电势. 要提高试样表面附近能碰撞产生活性氢粒子的高能电子的浓度，需要减小试样表面离子鞘层的压降，即提高试样表面的电势.一般采用的方法是把试样接地或给试样施加一个正的偏压，使试样表面由原来的负电势变为零电势或正电势，从而达到提高试样表面电势的目的.

Bullard等[51]在利用微波等离子体氢还原TiO_2的实验研究中，TiO_2粉末试样放在一个Cu坩埚里，在盛试样的Cu坩埚与外界绝缘和接地两种情况下做了对比实验.当盛TiO_2粉末试样的Cu坩埚和外界绝缘(坩埚的支撑杆选用绝缘材料)时，这时TiO_2粉末试样表面相对于等离子体相呈较大的负电势，试样表面离子鞘层的压降较大，到达试样表面高能电子的数量少，相应的活性氢粒子的浓度低，还原反应会进行得较慢.用X射线衍射分析试样表面的TiO_2仅有8%还原为Ti_2O_3，主要部分仍为TiO_2.而当把盛试样的Cu坩埚系统接地时，表面的TiO_2很快被全部还原为Ti_2O.这说明通过试样接地提高了试样表面的电势，减小了试样表面离子鞘层中的压降，增大了试样表面高能电子的数量，活性氢粒子的浓度也相应地提高，加速了还原反应的进行.

Bullard还试图通过增加撞击试样表面的带电氢离子流来提高还原程度.实验中试样外加直流偏压为±100 V，作用时间为5 min.结果发现施加偏压对还原没有影响.他认为，相对于试验中等离子体本身的功率为200～1 200 W，±100 V的偏压施加给体系的最大功率仅为0.5 W，这么小的电流施加于整个等离子体上时，对离子的浓度或穿过试样表面等离子体鞘层的电压降落影响是很小，因此偏压对还原过程没有产生明显的影响.

(2) 降低试样表面电势，增大鞘层压降

不同于以上文献研究中的微波等离子体氢还原金属氧化物，本实验是在直流电场下进行的，两极板间的电压在为400 V以上，正如前面的分析，对于直流电场放电，极板间的压降主要集中在阴极鞘层区，如图4.7所示.在还原进行的开始阶段，金属氧化物试样相当于一个绝缘体，它表面形成的鞘层电压仅为T_e[V]的数倍，如图4.8(a)；而当还原进行了一段时间之后，试样表面被还原为导电的金属层，试样表面就和下面的阴极导通，与阴极具有相同的电势，试样表面和上面的阴极之间也成为一个放电电场，如图 4.8(b). 这时相当于给试样加了一个很高的负偏压，试样表面的鞘层变为高电压鞘层，鞘层内的离子会被加速到更大的能量撞击到试样上，并且在试样表面强电场的作用下，会有更多的具有较强还原势的离子氢吸引到试样表面，从而使还原反应以更大的速率进行. 到达试样表面的氢粒子的能量 E_i 可以由第八章的(8.8)式给出，即：

$$E_i = \frac{1}{2}m_i v_i^2(x) = \frac{1}{2}kT_e - eu_w \ (u_w < 0，\text{试样为负电势})$$

其中，u_w 表示试样表面的电势(即把等离子体的电势假设为零时，试样表面离子鞘层中的压降). 很明显，随着鞘层中压降的增加，到达试样表面的离子的能量在增大. 有关试样表面等离子体鞘层压降增大对到达试样表面活泼氢粒子通量和能量变化的更详细情况在前面的实验研究和动力学分析部分已做了比较详尽的阐述.

通过本实验研究和文献研究的比较分析知道，通过调节试样表面电势的大小，改变试样表面鞘层电势降落的大小，从而影响了到达试样表面不同活性氢粒子的浓度(或通量)和能量(或活性)，可以达到强化还原效果的目的.

在实验中观察到的试样表面被碰撞、溅射现象表明了在等离子态氢还原过程中具有高能量的活性氢粒子和试样表面发生着很强的相互作用. 这些高能量的氢粒子轰击、碰撞金属氧化物的试样表面，其能量可以转移给试样上的粒子，其结果是：

(1) 试样表面出现了更多的反应活性点，对于新相的形核起到了催化作用；

(2) 能量高于反应活化能的粒子增多，加速了还原反应；

(3) 反应物(H，H^+，H_2^+ 等)的表面吸附量增加，促进氢粒子在产物层的扩散；

(4) 促进还原生成物(如 H_2O)脱离表面；

(5) 把部分还原产物(还原得到的低价氧化物、金属)碰撞剥离试样,使试样内部未还原的氧化物暴露在还原气氛中,使内部还原反应继续发生.

这些作用过程不仅改变了传统的热分子氢还原金属氧化物在热力学上反应自由能变化,还改变了在还原反应动力学上的组成环节,从而强化了还原反应过程.

9.4 小结

本章从热力学耦合和动力学上改变氢粒子的状态引起的反应活化能和还原组成环节的变化,对等离子体的化学强化作用做了解释.特别分析了等离子体鞘层对还原过程的影响.通过适当的方式改变试样表面等离子体鞘层内电势降落的大小,从而影响了到达试样表面不同活性氢粒子的浓度(或通量)和能量(或活性),可以达到强化还原效果的目的.

利用非平衡态冷等离子体强化低温氢还原金属氧化物过程的作用机理可以概括为:气体氢中存在的少量自由电子受到外加电场的加速而获得很高的动能,这些高能自由电子与氢分子碰撞,尤其是非弹性碰撞使分子氢的内能增加,进而使分子氢发生激发、离解及电离,成为活性氢粒子.这些极活泼的氢粒子参与氧化物的还原反应过程,使还原反应的自由能变化变得更负;同时,具有较高能量的氢粒子和试样表面发生碰撞、轰击等强烈的相互作用,使氧化物试样表面出现了更多的反应活性点,催化了新相的形核,试样表面活性氢粒子吸附量增加,促进氢粒子在产物层的扩散,加速了还原反应的进行.所有这些都改善了还原反应的动力学条件,降低反应进行的温度、提高了反应速度,使一些在传统热力学条件下不能发生或进行很慢的反应在较低的温度下,以较高的速率得以进行,达到了强化还原反应的目的.

第十章　结论与展望

本文在回顾了氢还原金属氧化物的研究进展情况和分析了低温等离子体及其化学特性基础上，提出了利用等离子体的化学特性而不是热能来实现强化金属氧化物的低温氢还原反应的思想. 对实验装置中控制电路的性能、不同还原难度的金属氧化物在冷等离子体中的氢还原行为以及反应的热力学和动力学机理进行了探索性的基础研究.

10.1　主要结论

（1）对直流脉冲电场产生辉光等离子体实验装置的脉冲控制电路的灭弧保护电源和稳定辉光放电过程的功能进行了实际测试. 随着加在输出端的负载特性的不同，脉冲控制电路的实际输出波形存在很大的差异，在容性的辉光放电负载下，矩形脉冲波形出现了很大的变异. 为了保持稳定的辉光放电，还必须注意极板的表面状况，特别是阴极的表面状况，保持极板洁净并不与放电室壁接触，可以保证稳定的辉光放电.

（2）通过直流脉冲电场产生的冷等离子体氢低温还原 Fe_2O_3 实验研究知道，在传统的分子氢不能还原 Fe_2O_3 的条件下，利用冷等离子体氢实现了 Fe_2O_3 的有效低温还原. 冷等离子体氢还原反应符合逐级还原规律：$Fe_2O_3 \rightarrow Fe_3O_4 \rightarrow Fe$. 随着还原时间的增长，试样表面等离子体鞘层的变化对还原进程有着重要的影响. 通过适当的方法改变试样的表面鞘层，可以显著地影响还原进程. 中性的原子 H 和带正电的 H^+、H_2^+、H_3^+ 等离子氢都参加了金属氧化物的还原反应. 在较低的实验温度范围内，温度变化对还原层厚度变化影响不大. 在

680℃的较高温条件下(气体压力为 1 850 Pa,等离子体的输入电压为 500 V、放电电流为 0.3 A,还原时间为 15 min),利用分子氢还原仅得到少量的金属 Fe 和部分 FeO,而利用等离子体氢还原后的试样表面全部检测为金属铁相,这表明等离子体氢的还原能力比单纯的分子氢大得多,等离子体氢和试样表面之间存在较强的相互作用.随着放电电压、气压、脉冲占空比的增加,还原层的厚度增大,增大的趋势与等离子体中产生的活性氢粒子浓度的大小密切相关.在不同的气压和电压下,高能电子的数量和能量不同影响着电子碰撞的有效离子化截面的大小,进而影响着活性氢粒子的浓度;增大脉冲占空比与单位时间内输入反应体系的能量及活性粒子浓度的增加直接相关,在满足灭弧、稳定放电的条件下,可以采用较大的脉冲占空比.把试样放置在活性氢粒子浓度较大的阴极板上才能实现金属氧化物的有效还原.

(3) 在等离子体氢还原 Fe_2O_3 的基础之上,又选择了容易还原的 CuO 在更低的放电气压和电压下进行了实验研究.在体系压力为 450 Pa、温度为 200℃条件下,与分子态的氢不同,等离子体氢可以还原 CuO 为 Cu,还原过程是按 $CuO \rightarrow Cu_2O \rightarrow Cu$ 的规律逐级进行的.随着还原时间的增加,饼状 CuO 试样的还原表层厚度同样受到试样表面形成的等离子体鞘层变化的影响.在 160℃～300℃的温度范围内还原层厚度变化受温度的影响不大.这从一个侧面反映了等离子体氢还原 CuO 过程的活化能很小,在本实验研究条件下,还原过程几乎不受温度的影响.在放电电压为 400 V、气压为 140 Pa 下,在较长时间下 CuO 表面还原层厚度在 2 μm 左右.这与等离子体和固体表面之间相互作用的特性有关.当还原进行到一定厚度之后,还原反应进行得很慢,等离子体氢在试样表层内的扩散可能成为还原过程的限制性环节.

金属氧化物在较长时间氢等离子体作用下的还原层厚度,可能不仅与实验过程中采用的电压和气压大小有关,还取决于试样的表面物理结构、材料本身的物化性质等因素.

(4) 利用直流脉冲辉光等离子体氢对高熔点、难还原的 TiO_2 进行了还原实验研究，发现在反应体系的压力为 2 500 Pa、反应温度为 960℃和还原时间为 60 min 的条件下，利用冷等离子体氢还原 TiO_2 得到 Ti_2O_3、Ti_3O_5 和少量的 Ti_9O_{17}，而利用传统的热分子氢仅能还原得到极少量的 $Ti_{10}O_{19}$ 和 Ti_9O_{17}. 更深入的实验表明，试样表面生成的 Ti_2O_3 还有可能被进一步还原. 在目前的等离子体技术条件下，还原 TiO_2 没有得到金属 Ti 的可能是受动力学因素的控制，还可能与试样表面的活性氢粒子浓度有关，但需要通过进一步研究以证实.

以上的实验研究结果表明，在相同的还原条件下，等离子体氢的反应活性要远远高于普通的分子氢，它为金属氧化物的低温还原提供了更好的热力学和动力学条件. 采用简单、高效的直流脉冲发生装置可以有效地激发辉光等离子并强化分子氢的还原能力.

(5) 从理论上进行了比较全面的分析，确定了中等气压下冷氢等离子体中存在的主要活泼粒子包括 H、H^+、H_2^+ 和 H_3^+；其中中性的原子氢的浓度较高，其他氢粒子的浓度相对较小. 通过热力学计算知道这几种活性氢粒子还原势的大小顺序为：$H^+ > H_2^+ > H_3^+ > H$. 虽然等离子体系中离子氢的浓度较小，但它们在热力学上具有更强的还原势. 含有较多 H^+、H_2^+ 和 H_3^+ 等离子氢的等离子体对于非常稳定的氧化物的还原可能具有更大的潜力. 具体考察了氢等离子体中原子氢的还原能力，原子氢可以在比较低的温度下还原稳定的氧化物如 Cr_2O_3、MnO、SiO_2 等.

(6) 在实验研究的基础上，结合非平衡态等离子体化学的知识，对冷等离子体氢还原金属氧化物过程的组成步骤和可能的限制性环节做了分析. 利用等离子体氢还原金属氧化物不仅改变了参加还原反应的氢粒子的状态，而且试样表面的浓度边界层又被等离子体鞘层所代替. 这些与传统的分子氢还原过程不同，它改变了传统气-固还原反应的动力学环节，促进了还原反应的进行. 与传统的气/固反应的自动催化理论不同，本研究中通过施加直流电场来强化氢的还原能力，还原过程亦出现了“缓慢—加速—缓慢”三个阶段的变化. 前两个阶段的反应速率主要受制于到达氧化物表面氢活性粒子流的通量，它们可以用以下方程进行描述：

$$\frac{\mathrm{d}x_i}{\mathrm{d}t}=\frac{1}{2C_{\mathrm{MeO}}}J_{\mathrm{H}}(t)$$

随着还原层厚度的增加，还原速率限制性环节转变为等离子体氢在还原金属层中的传质，还原层厚度随时间的变化可以用抛物线方程来描述，具体方程为：

$$x_i=\left(\frac{D_{\mathrm{H}}C_{\mathrm{H_0}}}{C_{\mathrm{MeO}}}\right)^{\frac{1}{2}}\sqrt{t}$$

要充分利用冷等离子体氢强化还原氧化物的能力，在设计反应器时应考虑到活性氢粒子的复合机制以及等离子体氢和氧化物反应界面的充分接触，以保证有效的活性氢粒子的浓度和整体还原强度. 为了保持气相中活泼的等离子体氢与氧化物反应界面的充分接触，被还原的金属粒子应适时地移出等离子体区. 由实验研究知道，当等离子体氢还原氧化物进行到一定程度之后，可能由于氢粒子在反应产物层向反应界面的扩散成为还原过程的限制性环节，使反应的进一步进行变得比较困难. 因此要实现等离子体氢还原应用规模的扩大，氧化物颗粒的尺寸是一个重要参数. 要确保合理的还原强度，氧化物应为细粉末态，颗粒大小应选择在等离子体氢能迅速还原作用的范围之内.

(7) 由于热力学耦合和反应动力学上改变了氢粒子的状态，从而引起了反应活化能和还原组成环节的变化. 作者对冷等离子体氢强化氢还原能力的本质做了进一步的探索. 通过高能电子参加的分子氢离解、电离反应与传统的分子氢还原反应的耦合，实现了氢还原氧化物反应自由能变化的降低. 分子氢的等离子体化不仅改变了直接参加还原反应的氢粒子物理状态，还大大提高了其能量状态，降低了反应进行需要的活化能. 因此，非平衡态的冷等离子体是强化低温氢还原氧化物的一条有效途径.

本研究的创新：

(1) 区别于传统的等离子体在冶金中应用主要作为传递能量的媒介，本研究提出了利用冷等离子体的化学活性强化金属氧化物低温氢还原的思想. 对反应活化能大且反应速度很慢的、但热力学上可能进行的反应，通过激发等离子体状态产生反应活性基团减小活化能、增大反应速度；同时，使热力学上必须在相当高温度下进行的反应可在较低的温度下进行.

(2) 全面考察了冷等离子体氢强化还原的效果和作用机理，特别是等离子体鞘层对还原过程的影响，并从热力学耦合和动力学活化能的角度比较直观地对等离子体化学强化作用做了解释. 这种实验观察和分析未见文献报道.

(3) 首次观察到了氧化物在直流辉光等离子体中的还原加速现象，并通过实验论证了加速现象的原因，证明了氧化物在系统中电位的重要性，为设计工业装置和工艺过程提供了重要依据.

(4) 从理论上比较全面地分析、确定了冷等离子体氢中存在的主要活泼粒子，提出了具有更强还原势的离子氢可能和原子氢一样参与还原反应过程，并通过热力学计算确定了这些粒子还原势的大小.

10.2 今后的工作及展望

科学研究是一个不断发现、提出问题并努力解决问题的过程. 本文提出的问题远比解决的问题多，论文中涉及到的诸多方面有待进一步研究.

本文对冷等离子体氢还原金属氧化物的效果和基本规律进行了比较深入的研究，采用冷等离子体可以强化低温氢还原氧化物过程，并且强化效果也是比较明显的. 在实验过程中我们发现了等离子体鞘层对还原过程有着重要的影响，但等离子体鞘层对还原过程的影响究竟有多大，它和其他的操作参数之间存在什么样关系，在一定的实验条件下，能影响等离子体鞘层压降的外加电压的临界取值是多少，这些有关等离子体鞘层的问题需要做进一步全面和系统的考察.

由本文研究结果知道，利用冷等离子体氢来强化金属氧化物的还原过程存在一个明显问题是等离子体氢与金属氧化物的表面作用，即等离子体氢只能和一定厚度内的金属氧化物表层进行还原反应，这关系到低温等离子体在提取冶金中应用的一个关键问题. 表面作用直接致使冷等离子体氢还原氧化物的整体强度不高，还原过程中氢的利用率可能也较低. 这一表面作用现象与非平衡等离子体本身的物化特性密切相关. 要解决此问题，需要不断更新与等离子体氢接触的反应界面，或者采用细颗粒的流态化技术. 在等离子体作用的厚度尺寸内大小的金属氧化物细颗粒，可以实现完全还原. 在流化状态下，体系的传质、传热过程都应远优于固定床模式. 把等离子体场和流态化技术相耦合是一个值得研究的方向.

在本研究的实验条件下，没有对还原过程中氢的利用率进行考察. 如何对冷等离子体氢还原氧化物过程中氢的利用率进行计算和衡量，氢的利用率随操作参数的变化存在什么规律？和传统的分子氢还原过程存在何差异？能否消除分子氢还原中在某个温度范围内利用率会出现一个最小值的问题？这些问题需要设计新的实验进行研究.

在冷等离子体中存在原子氢、离子氢之类的反应活性粒子. 这些活性粒子使高熔点、难还原金属氧化物的较低温还原成为可能. 由理论计算知道冷等离子体氢可以实现难还原金属氧化物（如 TiO_2）的完全还原，但实验结果并没有检测到，其中的原因需要做更深入研究.

在氢等离子体中，化学反应粒子被激发到更高的能量水平，一部分氢粒子被离解或电离成带电离子. 这些氢粒子的相对浓度随不同的等离子体形式和采用的操作参数的不同而变化. 而等离子体中活泼氢粒子的分布情况直接影响了等离子体的作用效果. 目前，还没有足够的有关不同等离子体中表征各种氢粒子浓度分布的定量数据，操作参数对粒子相对浓度的影响也不清楚. 而只有知道了这些定量的数据，才能对等离子体氢的还原反应能力以及实际还原过程的限度进行定量的估计.根据具体的等离子体产生的方式,利用数学模拟并结合一些等离子体诊断技术(如等离子探针)来获取氢粒子浓度的相关信息也是一个需要研究的内容.

目前低温等离子体化学的研究还处于初步阶段,等离子体相中不同粒子的反应在热力学上是都有可能发生的,需要对这些同时发生的反应进行具体的研究以确定那一个反应占主导地位.虽然在反应界面上涉及具有强还原能力的氢粒子的反应向着局部平衡的方向进行,但不可能达到完全的局部平衡.这个局部平衡达到的程度也是值得进一步研究的问题.

非平衡冷等离子体氢还原过程不同于传统的单一粒子态的分子氢还原,等离子体氢呈现出多种粒子形态,而且不同形态的氢粒子具有的能量、还原能力及其在等离子体和金属氧化物相界面上的运动行为不同.这些在等离子体态下具有的特性使等离子体氢还原过程的定量数学描述变得比较复杂.本文的还原过程动力学分析部分仅给出了一些相当粗略的定性描述,如何把这些定性的描述进一步深化为具体、科学的定量数学计算也是将来需要做的工作.

还可以进一步开拓低温等离子体冶金的应用新领域,如强化钒氧化物低温还原氮化制备氮化钒等.

全文符号一览表

C	电容,F
C_i	粒子 i 的浓度,mol/m^3
ΔC_p	等压热容
d	厚度,m
D_i	粒子 i 的扩散系数,m^2/s
E	电场强度,V/m
ε_i	i 粒子的动能,kJ
ΔG^0	反应的标准吉布斯自由能,kJ
J	粒子通量,$/(m^2.s)$
k	玻耳兹曼常数,1.38×10^{-23} $J\cdot K^{-1}$
K	化学反应平衡常数
m_i	离子质量,kg
m_e	电子质量,kg
n_i	摩尔数,mol;或粒子数密度,$/m^3$
P	压强,Pa
RF	射频电源
t	时间,s
T	温度,K
v	速度,m/s
v_B	玻姆速度,m/s
V	体积,m^3
ϕ_F	悬浮电位,V
ϕ_P	等离子体对地电位,V
ϕ_w	壁面电位,V

ϕ_s	预鞘层两端的电位,V
λ_D	德拜长度,m
α	脉冲占空比,%

$(B^1\sum_u^+)$、$(C^1\prod_u)$和$(E,F^1\sum_g^+)$表示分子H_2的不同激发态

参 考 文 献

1 Tveit H. Environmental aspects of the ferroally industry. *Proceedings of INFCON 8*, 1998;13－19

2 徐匡迪，蒋国昌，徐建伦，等. 21世纪钢铁生产流程的理论解析. 北京第125次香山科学会议文集，北京：香山科学会议中心，1999;31－44

3 丁伟中. 高效氢还原金属氧化物过程的基础研究. 上海市自然科学基金申请书，2000

4 徐匡迪. 20世纪—钢铁冶金从技艺走向工程科学. 上海金属，2002；**24**(1)：1－10

5 Lynch D. C., Bullard D. E., Cherne F. J., Osborn D. E. Use of electromagnetic radiation and quantized energy in enhancement of chemical reactions. *Proceedings of the 2nd International Symposium on Metallurgical Processes for the Year 2000 and Beyond and the 1994 TMS Extraction and Process Metallurgy Meeting*. H. Y. Sohn: The Minerals, Metals and Materials Society. Part 1 (of 2): 1994 Sep 20－23

6 徐匡迪. 中国钢铁工业的任务、现状和发展. 自然杂志，2000；**22**(4)：187－193

7 Standish N., Worner H. Microwave application in the reduction of metal oxides with carbon. J. *Microwave Power and Electromagnetic Energy*, 1990; **25**(9): 177－108

8 Standish N., Pramusanto. Reduction of microwave irradiated iron ore particles in CO. *ISIJ Int.*, 1991; **31**(11): 11－16

9 金欣汉. 微波化学. 北京：科学出版社，1999

10 Roine A. Outokumpu HSC Chemistry for Windows：Chemical Reaction and Equilibrium Software with Extensive Thermochemical Database，Pori，Finland：Outokumpu(1999)

11 Terkel Rosenqvist. Principles of extractive metallurgy (second edition). New York：McGraw-Hill Book company，1983

12 文光远. 铁冶金学. 重庆：重庆大学出版社，1993

13 王雅蓉，李继光，赵国军，等. 磁铁矿在 H_2/Ar 气氛中还原产物显微结构与形貌变化的原位观测. 金属学报，1998；**34**(6)：571－578

14 刘建华，张家芸，周土平. 氢气还原铁氧化物反应表观活化能的评估. 钢铁研究学报，1999；**11**(6)：9－13

15 Zhao Y.，Shadman F. Reduction of ilmenite with hydrogen. *Ind. Eng. Chem. Res.*，1991；**30**(9)：2080－2087

16 Bardi G.，Goaai D.，Stranges S. High temperature reduction kinetics of ilmenite by hydrogen. *Mater. Chem. Phys.*，1987；**17**：325－341

17 Werner V. Schulmeyer，Hugo M. Ortner. Mechanisms of the hydrogen reduction of molybdenum oxides. *International Journal of Refractory Metals & Hard Materials*，2002；(20)：261－269

18 Jerzy Sloczynski. Kinetics and mechanism of molybdenum(Ⅵ) oxide reduction. *Journal of solid state chemistr*，1995；**118**：84－92

19 Dean S. V.，Michael E. B. Reduction of tungsten oxides with hydrogen and with hydrogen and carbon. *Thermochimica Acta*，1996；**285**：361－382

20 Andreas Lackner，Andreas Filzwieser，Peter Paschen，*et al.* On the reduction of tungsten blue oxide in a stream of hydrogen. *Int. J. of Refractory Metals and Hard Materials*，

1996; **14**: 383 - 391

21 Zeiler B. , Schubert W. D. , Lux B. On the reduction of tungsten blue oxide-Part Ⅰ: Literature review. *Int. J. Refr. Metals Hard Mater.*, 1991; **10**: 83 - 90

22 Zhiqiang Z. Formation of tungsten blue oxide and its phase constitution. *Modern Developments in Powder Metallurgy*, 1985; **17**: 3 - 6

23 Yuping N. The reduction mechanism of blue tungsten oxide by hydrogen. *Modern Developments in Powder Metallurgy*, 1985; **17**: 15 - 19

24 Zhengji T. Investigation of hydrogen reduction process for blue tungsten oxide. *J. Refr. Metals Hard Mater.*, 1989; **8**: 179 -184

25 Schubert W. D. Kinetics of the hydrogen reduction of tungsten oxides. *J. Refr. Metals Hard Mater.*, 1990; **9**: 178 - 191

26 Fouad N. B. , Attiya K. M. E. Thermogravimetry of WO_3 reduction in hydrogen: kinetic characterization of autocatalytic effects. *Powder Technol.*, 1993; **74**: 31 - 39

27 Bustnes J. A. , Sichen D. , Scctharaman S. Application of nonisothermal thermogravimetric method to the kinetic study of the reduction of metallic oxides. *Metal. Trans.*, 1993; **24B**: 475 - 480

28 Savin A. V. On the practice and theory of reduction of tungsten oxides. *Izvestiya Rossiiskai Akademii Nauk Metally*, 1993; **4**: 22 - 26

29 James T. Richardson, Robert Scates, Martyn V. Twigg. X-ray diffraction study of nickel oxide reduction by hydrogen. *Applied Catalysis A: General*, 2003; **246**: 137 - 150

30 Bustness J. A. , Sichen D. and Seetharaman. Thermogravimetry of

CoO Reduction in hydrogen. *Matell. Mater. Trans.*, 1995; **26B**: 547

31 刘建华,张家芸,周土平,等. Co_3O_4的还原过程动力学研究. 金属学报, 2000; **36**(8): 837 - 741

32 Yagi S, Kunii D. *Fifth Symposium on Combustion*. Reinhold, New York 1955; Chem Eng (Japan), 1955; 231

33 Park JY, Levenspiel O. The crackling core model for the reaction of solid particles. *Chem Eng Sci*, 1975; **30**: 1207 -1214

34 李正邦. 钢铁冶金前沿技术. 北京: 冶金工业出版社, 1997

35 Dembovský V. Steel refining by chemically active plasma. *Journal of Materials Processing Technology*, 1998; **78**(1): 34 -42

36 Alemany C., Trassy C., Pateyron B., *et al*. Refining of metallurgical-grade silicon by inductive plasma. *Solar Energy Materials and Solar Cells*, 2002; **72**(1): 41 - 48

37 Mimura K., Lee S.-W., Isshiki M. Removal of alloying elements from zirconium alloys by hydrogen plasma-arc melting. *Journal of Alloys and Compounds*, 1995; **221**(4): 267 - 273

38 朱凯荪. 直接还原在当代冶金变革中的发展. 宝钢技术, 1997; **(2)**: 54 - 60

39 吴国元. 戴永年. 等离子技术在冶金中的应用. 昆明理工大学学报, 1998; **23**(3): 108 - 115

40 Koji Kamiya, Nobuyasu Kitahara, Isao Morinaka, *et al*. Reduction of molten iron oxide and FeO bearing slags by H_2-Ar plasma. *Transactions ISIJ*, 1984; **24**: 7 - 16

41 Long G. W., Mura K., Taniuchi K. Reduction of TiO_2 by Ar-H_2 plasma at 1 atm pressure. J. *Japan Inst. Light Metals*,

1981; **31**: 462－468

42 Degout D., Kassabji F., Fauchais P. Reduction of TiO_2 by Hydrogen plasma and carbon at 1 atm pressure. *Plasma Chem. Plasma Process*, 1984; **4**: 179－180

43 Kitamura T., Shibata K., Takeda K. In-flight reducti on of Fe_2O_3, Cr_2O_3, TiO_2 and Al_2O_3 by Ar－H_2 and Ar－CH_4 plasma. *ISIJ International*, 1993; **33**(11): 1150－1158

44 Palmer R. A., Doan T. M., Lloyd P. G., *et al*. Reduction of TiO_2 with hydrogen plasma. *Plasma Chemistry and Plasma Processing*, 2002; **22**(3): 335－350

45 Watanabe Takayuki, Soyama Makoto, Kanzawa Atsushi, *et al*. Reduction and separation of silica-alumina mixture with argon-hydrogen thermal plasmas. *Thin solid film*, 1999; **345**(1): 161－166

46 Mohai I., Szépvölgyi J., Károly Z., *et al*. Reduction of metallurgical wastes in an RF thermal plasma reactor. *Plasma Chemistry and Plasma Processing*, 2001; **21**(4): 547－563

47 Dietmar Vogel, Eberhard Steinmetz, Herbert Wllhelmi. Experiments on the smelting reduction of oxides of iron, chromium and vanadium and their mixtures with argon/methane-plasma. *Steel research*, 1989; **60**(3): 177－181

48 Huczko A., Meubus P. Vapor phase reduction of Chromic oxide in an Ar－H_2 Rf plasma. *Metallurgical Transactions B*, 1988; **19**(12): 927－933

49 Mozetic M, Drobnic M. Atomic hydrogen density along a continuously pumped glass tube. *Vacuum*, 1998; **50**(3): 319－322

50 Bullard D E, Lynch D C. Reduction of ilmenite in a nonequilibrium hydrogen plasma. *Metall Mater Trans B*,

1997; **28B**(6): 517 - 519

51 Bullard D E, Lynch D C. Reduction of titanium dioxide in a nonequilibrium hydrogen plasma. *Metall Mater Trans B*, 1997; **28B**(6): 1069 - 1080

52 Ward P. P. Plasma cleaning techniques and future applications in environmentally conscious manufacturing. *SAMPE J.*, 1996;**32** (1) : 51 - 54

53 Raoux S., Tanaka T., Bhan M., *et al*. Remote microwave plasma source for cleaning chemical vapor deposition chambers: technology for reducing global warming gas emissions. *J. Vac. Sci. Technol. B*, 1999; **17** (2): 477 - 485

54 Lieberman M. A., Lichtenberg A. J. *Principles of Plasma Discharges and Materials Processing*. New York: *Wiley*, 1994

55 Grill A. *Cold Plasma in Materials Fabrication: from Fundamentals to Applications*. New York: *IEEE Press*, 1994

56 王敬义,王宇,尹盛,等. 冷等离子体冶金效应研究. 太阳能学报, 2000; **21**(1): 35 - 39

57 陶甫廷,王敬义,王宇,等. Si - Ge 粉粒在冷等离子体中沉降的提纯效应分析. 半导体技术, 2000; **25**(3);43 - 46

58 陶甫廷,王敬义,冯信华,等. 冷等离子体对硅-锗纯化的实验研究. 广西工学院学报, 2000; **11**(4): 26 - 28

59 Miran Mozetic. Discharge cleaning with hydrogen plasma. *Vacuum*, 2001; **61**(3): 367 - 371

60 Annemie Bogaerts, Erik Neyts, Renaat Gijbels, *et al*. Gas discharge plasmas and their applications. *Spectrochimica Acta Part B*, 2002; **57**: 609 - 658

61 Mozetic M., Zalar A., Drobnic M. Reduction of thin oxide layer on $Fe_{60}Ni_{40}$ substrates in hydrogen plasmas. *Thin solid film*, 1999; **52**(2): 101 - 104

62 Yasushi Sawada, Hiroshi Tamaru, *et al*. The reduction of copper oxide thin films with hydrogen plasma generated by an atmospheric-pressure glow discharge. *J. Phys. D: Appl. Phys.*, 1996; **29**: 2539－2544

63 Yasushi Sawada, Noriyuki Taguchi, Kunihide Tachibana. Reduction of copper oxide thin films with hydrogen plasma generated by a dielectric-barrier glow discharge. *Jpn. J. Appl. Phys.*, 1999; **38**(11): 6506－6511

64 Ron Kroon. Removal of oxygen from the Si(100) surface in a DC hydrogen plasma. Jpn. *J. Appl. Phys.*, 1997; **36**(8): 5068－5071

65 Brecelj F., Mozetic M. Reduction of metal oxide thin layers by hydrogen plasma. *Vacuum*, 1990; **40**(1): 177－178

66 Robine C V. Representation of mixed reactive gases on free energy (Ellingham-Richardson) diagrams. *Metall Mater Trans B*, 1996; **27B**(2): 65－69

67 Orvar Braaten, Arne Kjekshhus and Halvor Kvande. Possible reduction of alumina to aluminum using hydrogen. *JOM*, 2000; **52**(2): 47－54

68 赵化桥. 等离子体化学与工艺. 合肥：中国科学技术大学出版社，1993

69 陈杰溶. 低温等离子体及其应用. 北京：科学出版社，2001

70 Baklanov M. R., Shamiryan D. G., Tokei Zs., *et al*. Characterization of Cu surface cleaning by hydrogen plasma. *J. Vac. Sci. Technol.*, 2001; **19B**(4): 1201－1211

71 Petasch W., Kegel B. Schmid H., Lendenmann K. and Keller H. U. Low-pressure plasma cleaning: a process for precision cleaning applications. *Surface and Coatings Technology*, 1997; **97**(1): 176－181

72 Flamm D. L. *In Introduction to Plasma Chemistry*. Boston, MA: Academic Press, 1989

73 冯信华,何笑明,陈丽等. 冷等离子体对硅粉薄层的提纯研究. 半导体技术, 1998; **23**(4): 43－47

74 李忠,王敬义,何笑明,等. 等离子体提纯硅粉的实验研究. 微细加工技术,1996; (**1**): 44－47

75 Lieberman M. A. Plasma discharges for materials processing and display applications. *in: H. Schluter, A. Advanced Technologies Based on Wave and Beam Generated Plasmas*. Shivarova (Eds.). Kluwer, Dordrecht: , NATO Science Series, 1999: 1 － 22

76 Shohet J. L. Plasma-aided manufacturing. *Phys. Fluids B.*, 1990; **2** : 1474－1477

77 Kazutoshi Kiyokawa, Akihiko Ito, Hiroyuki Matsuoka, *et al*. Surface treatment of steel using non-equilibrium plasma at atmospheric pressure *Thin solid film*, 1999; **345**(1): 119－123

78 徐学基,褚定昌. 气体放电物理. 上海: 复旦大学出版社, 1996

79 Raizer Y P. *Gas Discharge Physics*. New York: Springer, 1991

80 Polak L. S., Lebedev Yu. A. *Plasma Chemistry*. Cambridge: Cambridge International Science Publishing, 1998

81 国家自然科学基金委员会. 等离子体物理学. 北京: 科学出版社, 1994

82 Nunogaki M. Transformation of titanium surface to TiC-or TiN-ceramics by reactive plasma processing. *Materials and Design*, 2001; **22**(7): 601－604

83 Xu Xueji. Dielectric barrier discharge-properties and pplications. *Thin Solid Films*, 2001; **390**(2): 237－242

84 Wagnera H. E., Brandenburga R., Kozlov K. V., *et al*. The

barrier discharge: basic properties and applications to surface treatment. *Vacuum*, 2003; **71**(3): 417 - 436

85 Suchentrunk R., Staudigl G., Jonke D., *et al*. Industrial applications for plasma processes — examples and trends. *Surface and Coatings Technology*, 1997; **97** (1): 1 - 9

86 Helmut Kaufmann. Industrial applications of plasma and ion surface engineering. *Surface and Coating Technology*, 1995; **74**(1): 23 - 28

87 Efstathios I. Meletis. Intensified plasma-assisted processing: science and engineering. *Surface and Coatings Technology*, 2002; **149**(1): 95 - 113

88 Lieberman M A, Lichtenberg A J. *Principles of Plasma Discharges for Materials Processing*. New York: Wiley Interscience, 1994

89 罗思 J. R. 工业等离子体工程(第一卷　基本原理). 吴坚强,季天仁(译). 北京: 科学出版社,1998

90 Jurewicz J., Huczko A. New trends in plasma chemistry: neutralization of wastes and pollutants. *Przemysl Chemiczny* (*Polish*), 1997; **76** (1) : 3 - 7

91 Huczko A. Plasma chemistry and environmental-protection-application of thermal and nonthermal plasmas. *Czech. J. Phys.*, 1995; **45** (12): 1023 - 1033

92 Ward P. P. Plasma cleaning techniques and future applications in environmentally conscious manufacturing. *SAMPE J*. 1996; **32** (1): 51 - 54

93 Petrovic Z. L., Makabe T. Nonequilibrium plasmas for material processing in microelectronics. *Adv. Mater. Proc.*, 1998; **282**(2): 47 - 56

94 Matsuda A. Plasma and surface reactions for obtaining low

defect density amorphous silicon at high growth rates. *J. Vac. Sci. Technol. A: Vac. Surf. Films*, 1998; **16**(1): 365-368

95 Schwarzler C. G., Schnabl O., Laimer J., *et al.* On the plasma chemistry of the C/H system relevant to diamond deposition processes. *Plasma Chem. Plasma Proc.*, 1996; **16**(2): 173-185

96 Benndorf C., Joeris P., Kroger R. Mass and optical-emission spectroscopy of plasmas for diamond synthesis. *Pure Appl. Chem.*, 1994; **66**(6): 1195-1205

97 Kruger C. H., Owano T. G., Laux C. O. Experimental investigation of atmospheric pressure nonequilibrium plasma chemistry. *IEEE Trans. Plasma Sci.*, 1997; **15**(5): 1042-1051

98 Biederman H., Osada Y. Plasma chemistry of polymers *Adv. Polym. Sci.*, 1990; **95**: 57-109

99 Greene J. E., Rockett A., Sundgren J. E. The role of low-energy ion/surface interactions during crystal growth from vapor phase. *Mater. Res. Soc. Symp. Proc.*, 1987; **74**: 59-73

100 Veprek S., Sarortt F. A., Ramber S., *et al.* Surface hydrogen content and passivation of silicon deposited by plasma-induced chemical vapor deposition from silane and the implications for the reaction mechanism. *J. Vac. Sci. Technol. A*, 1989; **7**: 2614

101 Winters H. F. Phenomenon produced by ion bombardment in plasma-assisted etching environments. *J. Vac. Sci. Technol. A*, 1988; **6**(3): 1997

102 任兆杏，丁振峰. 低温等离子体技术. 自然杂志；1996；**18**(4)：

202 - 207

103 Boenig H. V. *Fundamentals of Plasma*. Lancaster: Technomic Publishing Co. , 1988

104 菅井秀郎. 等离子体电子工程学. 张海波,张丹(译). 北京: 科学出版社(OHM社),2002

105 N St J Braithwaite. Introduction to gas discharges. *Plasma Sources Sci. Technol*, 2000; **9**: 517 - 527

106 李学丹. 低温等离子体化学. 化学通报,1991; (**5**): 17 - 19

107 Hollaban J. R. , Bell A. T. , John Wiley, *et al*. *Techniques and Application of Plasma Chemistry*. New York. 1974

108 徐家鸾,金尚宪. 等离子体物理学. 北京: 原子能出版社,1985

109 金佑民,樊友兰. 低温等离子体物理基础. 北京: 清华大学出版社,1983

110 Mollah M. Y. A. , Schennach R. , Patscheider J. , *et al*. Plasma chemistry as a tool for green chemistry, environmental analysis and waste management. *Journal of Hazardous Materials B*, 2000; **79**(3): 301 - 320

111 张芝涛. 鲜渔泽. 白敏东等. 强电离放电研究. 东北大学学报, 2002; **23**(5): 507 - 51

112 Annemie Bogaerts, Erik Neyts, Renaat Gijbels, *et al*. Gas discharge plasmas and their applications. *Spectrochemica Acta Part B*, 2002; **57**(4): 609 - 658

113 胡征. 等离子体化学基础. 化工时刊,2000; **4**: 43 - 46

114 韩立民. 等离子热处理. 天津: 天津大学出版社, 1997

115 McTaggart F. K. *Plasma Chemistry in Electrical Discharges*. New York: Elsevier, 1967

116 Cocke D. L. , Jurcik-Rajman M. , Veprek S. The surface properties and reactivities of plasma-nitrided iron and their relation to corrosion passivation. *J. Electrochem. Soc.*,

1989；**136**(12)：3655

117 Bonizzoni G.，Vassallo E. Plasma physics and technology: industrial applications. *Vacuum*，2002；**64**(2)：327－336

118 孙铭山，丁伟中，杨松华等. 在冶金熔体中产生直流辉光等离子体的控制电路. 钢铁研究学报，2002；**14**(2)：52－54

119 Lee W. S.，Chae K. W.，Eun K. Y. Generation pf pulsed direct-current plasma above 100 torr for large area diamond deposition. *Diamond and Related Materials*，2001；**10**：2220－2224

120 孙康. 宏观反应动力学及其解析方法. 北京：冶金工业出版社，1998

121 Tawara H.，Itikawa Y.，Nishimura H，oshino M. Cross sections and related data for electron collisions with hydrogen molecules and molecular ions. *J. Phys. Chem. Ref. Data*，1990；**19**(3)：617－637

122 Sun Y. Kinetics of layer growth during plasma nitriding of nickel based alloy Inconel 600. *Journal of Alloys and Compounds*，2003；**351**：241－247

123 Dayal A. R.，Sadedin D. R. Application of pulsed traveling hydrogen arcs for metal oxide reduction. *Plasma Chemistry and Plasma Processing*，2003；**23**(4)：627－649

124 Gasskell D. R. Discusion of "Representation of Mixed Reactive Gases on Free Energy Diagrams". *Metall. Mater. Trans. B*，1996；**27B**(8)：693

125 Mc Daniel E W. *Collision Phenomena in Ionized Gas*. New York：Wiley，1964

126 Phelps A. V. Cross sections and swarm coefficients for H^+，$H_2{}^+$，$H_3{}^+$，H，H_2，and H^- in H_2 for energies from 0.1 eV to 10 keV. *J. Phys. Chem. Ref. Data*，1990；**19**(3)：653－675

127 Samir Farhat，Alix Gicque，and Khaled Hassouni.

Determining electron temperature and density in a hydrogen microwave plasma. *J. Thermophysics and Heat Transfer*, 1996; **10**(3): 426-435

128 Chen Chun-Ku, Wei Ta-Chin, Lance R Collins and Jonathan Phillips. Modeling the discharge region of a microwave generated hydrogen plasma. *J. Phys. D: Appl. Phys*, 1999; (32): 688-698

129 Cielaszyk E. S., Kirmse K. H. R., Stewart R. A., Wendt A. E. Mechanisms for polycrystalline sillicon defect passivation by hydrogenation in an electron cyclotron resonance plasma. *Appl. Phys. Lett.*, 1995; **67**(21): 20

130 Hassouni K., Leroy O., Farhat S. and Gicquel A. Modeling of H_2 and H_2/CH_4 Microwave Plasma Used for Diamond Films Deposition. *13th International Symposium on Plasma Chemistry Symposium Proceedings*. edited by Wu, C. K. Beijing: Peking University Press, 1997: 2105

131 刘佳宏，唐书凯，王文春，等. 氢异常辉光放电阴极鞘层中 H_n^+ 的质谱分析. 核聚变与等离子体物理，2000; **20**(1): 43-46

132 卡特迈尔·E.，富勒斯·G. W. A.. 原子价与分子结构. 宁世光译. 北京：人民教育出版社，1981

133 郑能武，张鸿烈，赵维蓉. 化学键的物理概念. 安徽：科学技术出版社，1985

134 特克道根·E. T. 高温工艺物理化学. 魏季和，傅杰(译). 北京：冶金工业出版社，1988

135 Flamm D. L. Introduction to Plasma Chemistry. D. M. manos and D. L. Flamm. Plasma Etching An Introduction. San Diego, CA: Academic Press, 1989. 115

136 胡征. 等离子体化学基础. 化工时刊，1999; **12**: 41-45

致 谢

本论文是在导师丁伟中教授的精心指导下完成的。从论文的选题、实验方案的确定、实验结果的处理以及理论分析过程的审定，直至论文的撰写完成，都凝结着导师的心血和汗水。导师渊博的知识、开阔的眼界让我获益匪浅。丁老师提出了跨学科具有战略眼光的问题——利用冷等离子体的化学特性强化冶金化学反应过程，这将开辟低温等离子体冶金的新领域，为21世纪氢还原金属氧化物的绿色制造工艺奠定理论基础，这也是我今后将继续深入研究的一个重要方向。在三年多的博士求学生涯中，丁老师不仅在学习、科研工作上给予了我极大的帮助，生活中也给了我无限的关怀。在此，我向他表示崇高的敬意和衷心的感谢！

在本论文的研究中，得到了郭曙强副教授的大力支持。在实验方案确定、结果分析等方面，都离不开他的细心指导。实验及试样测试工作中，金红明、陈文觉、褚于良、姜传海、陈洁、鲁雄刚、甄强、杨森龙、马金昌、董卫麟、游锦洲、李英正、邵震均等老师及杨松华、孙铭山、蒋敏辉、胡新魁、李一为、雷作胜、陈辉、胡汉涛、王辉、张邦文、刘平等师兄弟给予了我无私的关怀和帮助。在论文撰写、修改过程中，徐建伦、郑少波和尤静林等老师给了我许多好的建议和指导。院办的李祖齐、曹嘉新、李嘉和徐向红等老师在我的学习和生活上也给了很大的帮助。正是由于多位老师、同学的无私帮助，才使我得以顺利完成本论文的研究工作。在此，我向他们表示真挚的谢意！

深深地感谢远在故乡的奶奶、父母亲及其他亲人，是他们不辞劳苦一直对我的求学生涯给予着无私的支持，他们对我的亲情和期望就像那华北平原一样深厚、广漠。感谢我的妻子李玉香女士，是她在我远离故乡的异域不在落寞，在我最艰难的人生路上给予我支持，陪我走过了博士求学的这段路，悉心照料着刚出生的女儿！至此论文完成之际，我想对她说：漫漫的长路，你我的相逢，珍惜难得的缘分！同时感谢我的岳父母一家在生活、学习等各方面给予我深切的关怀。

特别感谢大哥聂世锋及其夫人在生活、学习上给予我的关心和帮助！